澤田 純 NTT代表取締役社長［監修］
井伊基之＋川添雄彦［著］

IOWN《アイオン》構想

Innovative Optical & Wireless Network

インターネットの先へ

NTT出版

はじめに　ＩＯＷＮの時代へ

ＮＴＴ代表取締役社長
澤田　純

「ＩＯＷＮ」（アイオン：Innovative Optical & Wireless Network）は、ＮＴＴがパートナーの方々とともに目指したい未来の世界を実現するための基盤となるものであり、２０２４年の仕様確定、早期の商用化を目指して、現在検討を進めているところである。このたび、私たちのＩＯＷＮ構想が目指す世界やそれを実現するテクノロジーについて皆さまに改めてご紹介できればと思い、本書にまとめることとした。

歴史を振り返ってみると、17世紀、日本は鎖国と言われながらも、実は世界へ技術や文化を発信していた。オランダの画家フェルメールの絵画には、着物等が描かれており、日本の産物が貿易を通じてオランダの日常生活に入り込んでいたことが窺える。また、日本との独占的な貿易を通じて得た「銀」が、当時のオランダの経済的な繁栄に貢献していたとも言われている。この21世紀においても、改めて、日本発のイノベーションを世界に向けて発信したく、ＩＯＷＮ構想を打ち出したところである。

現在、日本を取り巻く事業環境は大きく揺れ動いている。インターネットの爆発的な普及によりグローバル化が加速する一方、米中貿易戦争やブレグジット等に象徴される保護主義の台頭により、国家間の分断が顕在化してきている。加えて、あらゆるものがインターネットを通じてつながることでビックデータとして情報が氾濫する一方、ＡＩ等を活用した情報フィルタリング等により、個人の世界の分断化も進んできている。このグローバルとローカル、集中と分散といった二律背反する事象に対し、現代社会においては、この矛盾を許容しつつも、双方をつなぐパラコンシステントな世界を実現することで、多様な価値観を認め合う社会を築くことが求められているのではないかと考えている。

こうした社会を実現するためには、これまでの概念を超えた新たなイノベーションが必要である。新たなイノベーションには、技術的な観点からの進化は当然のことながら、社会・人文科学の観点からの新たな社会観（倫理、道徳、法律等）も必要と考えている。私たちが実現を進めている「ＩＯＷＮ」は、すべてにフォトニクスベースの技術を導入した「オールフォトニクス・ネットワーク」、実世界とデジタル世界の掛け合わせによる未来予測等を実現する「デジタルツインコンピューティング」、あらゆるものをつなぎ、その制御を実現する「コグニティブ・ファウンデーション」からなる新たな情報社会基盤である。この実現には、自然・応用科学、社会・人文科学等の幅広い観点からの考察が必要であり、国内外の産業界に加え、多様な研究・技術の学術界の方々との議論を重ねていきたいと考えている。

本書を手に取っていただいた皆さまに私たちの夢や目指すところを理解していただき、共に次なる未来を創っていくことを願ってやまない。

第2章

IOWNの鍵となる11のテクノロジーと3つの構成要素

NTT研究企画部門 編

第2部 IOWNのテクノロジー 087

第5章 11のテクノロジーとNTTの20のケーススタディ NTT研究企画部門 編 089

［第1部］

IOWNの世界

第1章

IOWNとは何か？

川添雄彦——NTT取締役 研究企画部門長

1 ＩＯＷＮ構想の背景にあるもの

暮らしの変化を加速するICT

有史以来、人類の暮らしは変化し続けてきた。狩猟採集社会から農耕社会、そして産業化社会へと社会構造が変化を遂げるなかで、人口増大と成長、そして定常化という一連の営みを繰り返してきた背景には、消費できるエネルギーの限界と豊かな生活を求める人々とのせめぎ合いという、切実な課題が常にあった。その歴史の中で、人類は新たなイノベーションを起こしながら、願いを叶えるべく進歩し続けてきたといえる。

とりわけ18世紀後半に始まった産業革命は大きなエポックであり、以後、社会の変化のスピードは加速度的に増していく。蒸気機関の発明による工業化の始まりを第1次産業革命、電力による大量生産の始まりを第2次産業革命、そして情報通信による技術革新を第3次産業革命と呼び、現代をビッグデータとＩｏＴ（Internet of Things）を駆使し、ＡＩやロボットが活躍する第4次産業革命の時代とする分類もある。また、新しいＩｏＴ社会の枠組みとして日本ではソサエティ5・0を掲げ、ドイツではインダストリー4・0を提唱するなど、国を挙げた取り組みもさまざまに始まっている。

とくに近年の重要なイノベーションが、インターネットやスマートフォンである。これらは、いまや私たちの生活になくてはならない存在であり、この十数年の間に社会のあり方を大きく変えてきた。インターネットの最大の功績の1つは、情報やモノの取引コストを劇的に下げたことにあり、インターネット上に取引プラットフォームがさまざまに構築されたことで、ビジネス環境は劇的に変化した。そして、スマートフォンはそうしたプラットフォームのアプリなどを介して提供されるさまざまなサービスの恩恵を、世界中の人々にもたらしている。

さらに今後は、社会の情報化がますます加速し、ICT（情報通信技術）の活用による新たな金融サービス（フィンテック）やAIによる自動運転など、AIやIoT技術が生活シーンにさまざまなかたちで取り入れられていくことで、私たちの暮らしを大きく変えていくことになるだろう。

現代の若者たちに目を向けると、そうした変化を先取りしたライフスタイルはすでに芽生えている。たとえばeスポーツの世界に興奮し、プレイヤーに憧れ尊敬し、応援する文化が育ちつつある。世界規模の大会が開かれるなど、プロフェッショナルゲーマーという職業も認知され始めている。現実世界と接続された仮想空間で仲間とコミュニケーションをとり、日々訓練に励み、仮想空間での自己実現を求めて、コミュニティを形成しながら、経済活動にまでつながる世界が、いますでに存在しているのだ。

社会の変化とともに変容していく価値観

こうしたテクノロジーによる社会の変化が人々の価値観をも変化させ始めていることは、

注目に値する。たとえばモノに対する価値観が変化してきており、自動車や住居のシェアリングが進むなど、従来の「所有」から「利用」へのシフトが起こっている。研究のあり方にしても、オープンサイエンスが提唱され、技術や知識のシェアが進んでいるのは、新しい傾向だ。

一方で、これまでの共通的な価値観から、人や企業が自分に合う「モノ」や「コト」を求めるようになり、「欲求のパーソナル化」が進んできた。これまでの大量生産・大量消費ではなく、自分のライフスタイルにこだわって商品を選んだり、自分が好きなものは高値でも貯金をして買ったり、自分が気に入った付加価値には対価を払ったりという人が増えている[1]。あるいは、便利でなくても古くて味わいのあるものを求めたり、少し高くても環境に良いもの、社会に貢献できるものを選択したりするといった、エシカル消費（倫理的、道徳的なものを選んで購入する）というトレンドも見受けられる。つまり、皆が一方向に向かって拡大と成長を求めるのではなく、多種多様な価値観のもとで、それぞれが良いと思うものを選びとり始めているのである。

生活における力点も、モノの豊かさよりも、心の豊かさに重きを置く傾向が強まってきている[2]。その源泉にあるのは、社会全体の、そして個々人の幸福やウェルビーイング（Wellbeing）への希求といえるだろう。

このような価値観の変化を受けて、これからの技術革命の目標をどこに定め、どのような社会の姿を求めて前に進むべきか、私たちはいままさに問われている。

[1] 出典：消費者価値観の変化（自分に合ったものを求める）：野村総合研究所「生活者1万人アンケートにみる日本人の価値観・消費行動の変化——第7回目の時系列調査の結果のポイント」

[2] 出典：EY総研インサイト Vol.2 Autumn 2014「レポート」変化する価値観：シェアの時代より（内閣府　国民生活に関する世論調査（平成25年6月調査））

2 IOWN構想の社会的意義

多様な他者への理解を促す情報環境

社会の変化について、情報分野の立場から少し詳しく見てみよう。インターネットに代表されるICTが普及して早30年、リアルかバーチャルかを問わず多様な生活（価値観）の確立が求められる一方で、個人レベルだけでなく集団や国家レベルでも、あちらこちらで「分断」が発生し、さらに拡大している。この背景の一因には、人間の認知処理能力を超えるほどの情報の氾濫や既存の社会制度の限界、情報格差の拡大などがあり、それらが他者に対する「理解の不足」や「無関心」を助長しているとも考えられる。

その解決のためには、個々人の価値観をより多様性を受けとめる方向へアップデートすることが必要であり、それをサポートするために、制度なども含めた社会や世界全体のシステムとでもいうべき仕組み、すなわち「情報環境＝場」を創出することが必要である。

こうした「場」において、より多くの情報をリアルタイムに、かつ公平に分け隔てなく流通・処理させれば、それは多様な価値観を包含し、それらの情報をもとに他者の視点や体験の共有を容易にするだろう。それにより、他者の理解と共感にもとづく社会行動を促すことができれば、人と人、人と社会の「つながり」の質を高め、その結果、個々人の価値観をアップデートできるのではないかと考えている。

「情報環境＝場」の実現を目指して

こうした「情報環境＝場」、すなわち仕組みを実現する手段の1つとして私たちはＩＯＷＮ（アイオン：Innovative Optical and Wireless Network）構想を提唱し、２０３０年の実現を目指して活動を開始した。ＩＯＷＮ構想では、これまでの情報通信システムを変革し、現状のＩＣＴ技術の限界を超えた新たな情報通信基盤の実現を目指す。それを、光技術による「オールフォトニクス・ネットワーク」と、そのうえに構築されるリアルタイムで分析やフィードバック処理を行う「デジタルツインコンピューティング」、さらにはそれらの処理を全体最適に調和させてリソース配分を行い、必要な情報をネットワーク内に流通させる仕組みである「コグニティブ・ファウンデーション」により実現したいと考えている（詳細は後述）。

２０３０年頃には、自動車の自動運転などの交通をはじめ、医療、金融、製造などあらゆる面において、社会の姿はいまとは大きく変化していると多くの人が期待している。ＩＯＷＮは、既存のＩＣＴ技術が抱えている課題を克服し、社会にパラダイムシフトを引き起こすだろう。それは、現在のデジタル社会が抱える不自由さを解消するだけにとどまらない。人々が技術を意識することなく、1人ひとりの価値観や状況の違いに応じた、高度なテクノロジーの恩恵にあずかることができる世界を構築するものになる。

当然のことながら、これを実現する新しい「情報環境＝場」は、私たちＮＴＴだけでつくり上げられるものではなく、ましてや日本国内だけにとどまるものでもない。そこでご賛同いただける方々を国内外から広く募り、この構想をオープンイノベーションで展開したいと考えている。

また、世界の社会課題の解決を目指すＳＤＧｓや国の施策であるソサエティ５・０などとの連携も視野に入れ、社会課題の解決のための構築に資するような、人にやさしい技術の開発を目指す。

先端技術には往々にして、必ずしも人の幸福やウェルビーイングにつながらない負の側面がつきまとう。そこで私たちは、アカデミアにも広く参画を呼び掛け、情報学や工学だけでなく、人文科学、社会科学系の識者も交え、新たな技術がもたらすさまざまな事象に対応すべく議論を重ねていく考えである。

3　ＩＯＷＮ構想の実現に向けた3つの課題

このような新たな「場」を実現するために必要なもの、越えなければならない限界はなんだろうか。新たな世界を開くための取り組むべき課題について考える。

課題1——多様性への対応

多様性に満ちた世界とは、人間のみならず、自然界を含めたすべての存在が共存し、人それぞれの個性が輝いている状態である。それを可能にするのは他者への理解であり、理解を深めるためには、自分とは違う、他者の立場に立った情報や感覚、他者の目線を通した情報を得ることが大きな助けになる。それらは、ときに自分の価値観を大きく変えることもあるだろうし、自分という存在が他者から受け入れられていると知ることにもつながるだろう。

これを技術で実現するためには、より高精細で高感度なセンサを開発し、より多くの情報を得るだけでは不十分である。他者の感覚、さらには主観にまでも踏み込んだ情報処理が要求される。そのためには科学技術のみならず、人文科学、社会科学の知見を取り入れる必要があるだろう。人間自体をよりよく知ることに加えて、これまでの常識にとらわれることなく、生命やシステムの多様性に目を向ける必要があるだろう。

このような技術によって実現した結果を人間がストレスを感じることなく自然に享受し、その結果として得られる心地よい状態を「ナチュラル」、人と環境が調和した世界を「ナチュラルハーモニック」と名づけ、これを追求していく。

課題2——インターネットの限界の超越

このような世界の実現は、当然のことながら、情報量の膨大な増加を招く。既存の情報通信システムでは、伝送能力と処理能力の双方に限界が訪れることが容易に想像される。

そもそも、スマートフォンやインターネットが社会に普及したこの30年間で、データの流通量は急激な増加の一途をたどってきた。日本国内のインターネット内の1秒あたりの通信量は、2006年から約20年間で190倍（637Gbpsから121Tbpsに）[3]になるという推計や[4]、世界全体のデータ量について、2018年からの7年間で、33ZB[5]から175ZBに増加するという推計がある[6]（**図1**）。

インターネットはIP（インターネットプロトコル）に代表される共通の通信規定に従い、複数のネットワークを相互に接続することで構築された巨大ネットワークである。このネットワークに頼るのみであれば、通信量のさらなる増加、ネットワークのさらなる複雑化、輻輳による遅延の増加など、現状の技術の延長では解決できないさまざまな課題に直面することだろう。

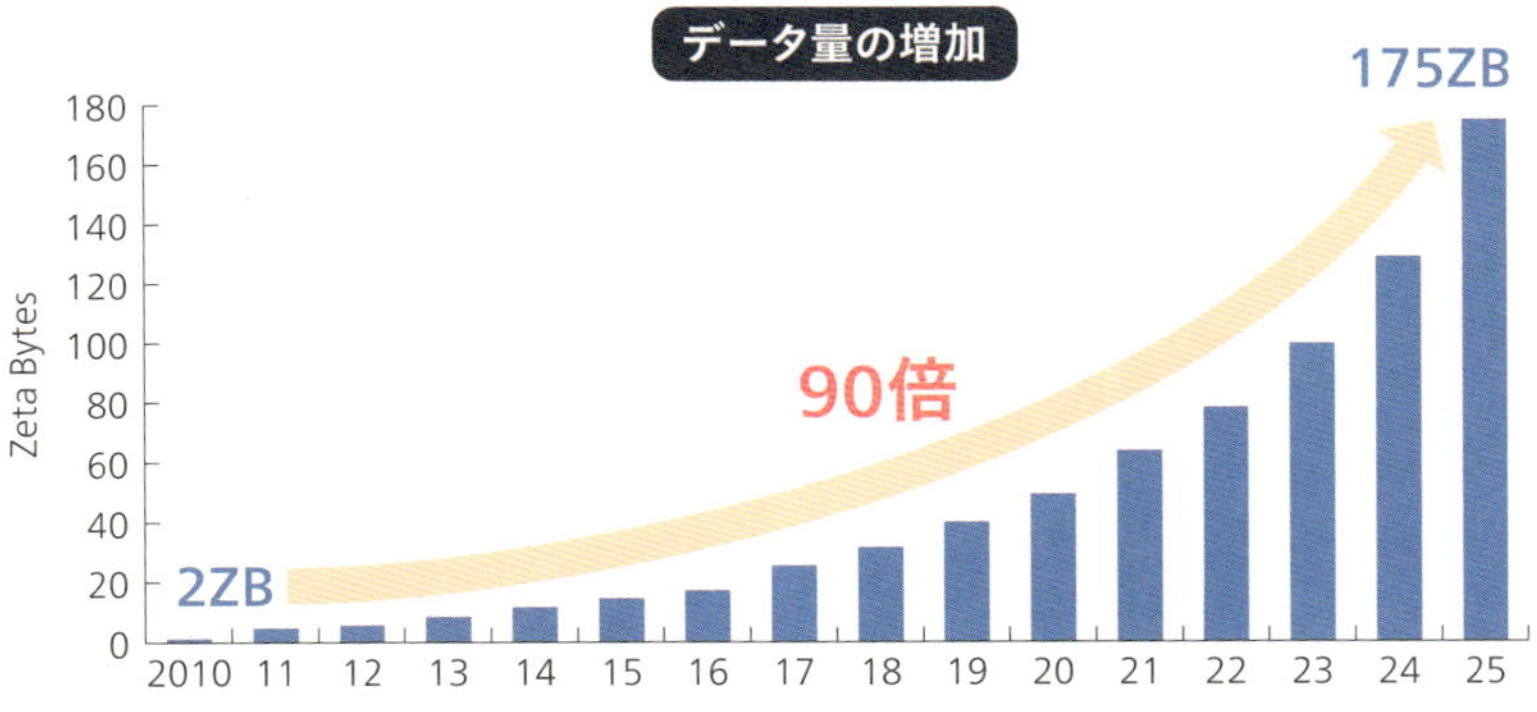

出典：IDC White Paper. sponsored by Seagate, Data Age 2025: The Digitization of the World from Edge to Core, November 2018

図1 | データ量の増加の推計

[3] ビーピーエス。B（ビット）はデータ量の単位。bpsは伝送速度の単位で1秒に1ビットを送る。G（ギガ）は10の9乗、T（テラ）は10の12乗。

[4] 経済産業省「グリーンITイニシアティブ」（2007年）https://home.jeita.or.jp/upload_file/20130502100819_DAxFo0rkXW.pdf

[5] ゼタバイト。B（バイト）はデータ量の単位。1バイトは8ビット。Z（ゼタ）は10の21乗。

[6] Data Age 2025, sponsored by Seagate with data from IDC Global DataSphere, Nov 2018

課題3――消費電力の増加の克服

現在、IoTの進展によりインターネットに接続する電子デバイスの数が爆発的に増えていることも、ネットワークの負荷を高めるとともに、エネルギー消費の面で大きな懸念材料となっている（**図2**）。

それぞれの電子デバイスの省エネ化は進んでいるものの、省エネ対策が数の増加に追いつかない状況だ。また、情報通信システムの構築やクラウドサービスの提供に欠かせないデータセンタにおける大量の電力消費も、世界的な問題となっている。いま現在も、電力供給がおぼつかないがゆえに、クラウドサービス提供のための新しいデータセンタの建設を断念せざるをえない状況が生じつつある。

さらに近年、大きくクローズアップされ続けているのが、ムーアの法則の崩壊に対する

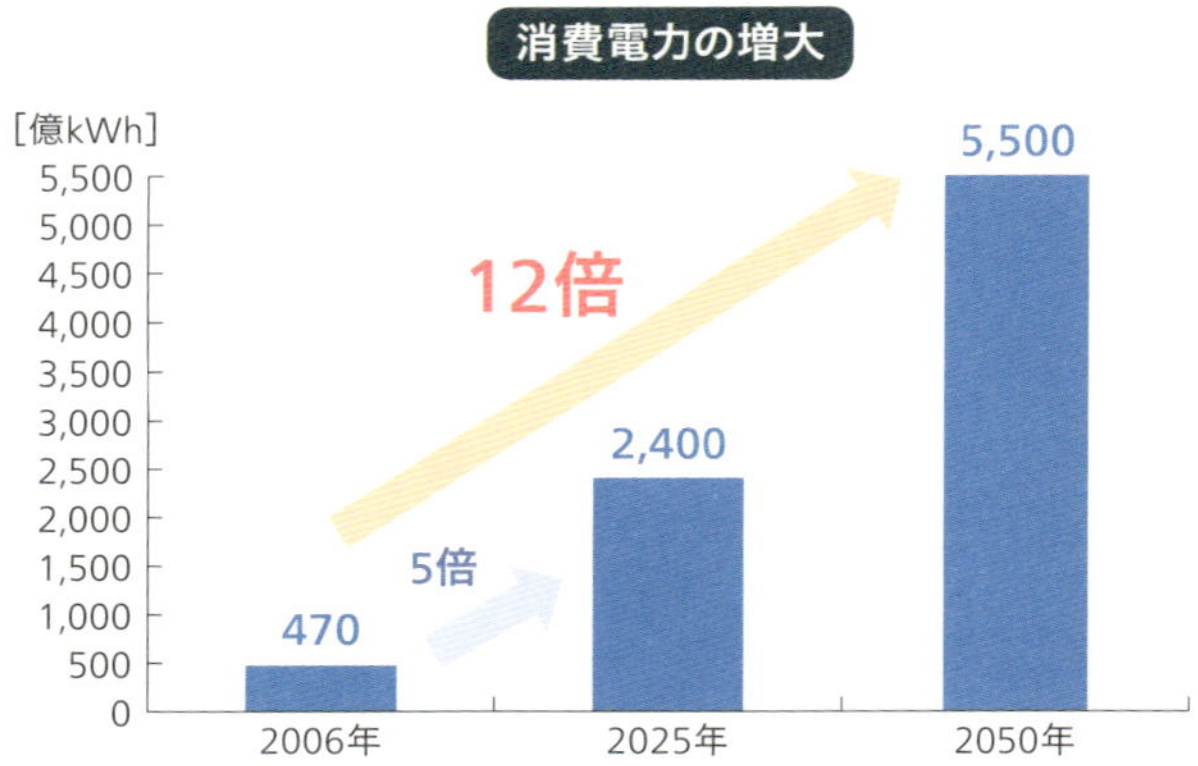

出典：経済産業省「グリーンITイニシアティブ」（2007.12）

図2 ｜IT機器の消費電力量の推計

懸念である。「ムーアの法則」とは、インテル創業者の一人であるゴードン・ムーア氏が１９６５年に論文上に示したもので、半導体業界の経験則から、「同じ面積あたりの集積回路上のトランジスタ数は18か月（〜24か月）ごとに倍になる」と唱えた。

トランジスタは電気信号を増幅しスイッチングすることで演算素子や記憶素子を構成し、情報処理の中核的な役割を果たす部品であるが、トランジスタ数の増加は性能の向上を意味すると同時に、同じ性能の回路をより小さなチップ面積で量産することができるため、製造コストを抑えることにもつながってきた。

しかしながら、現在のトランジスタの大きさはすでにｎｍ（ナノメートル、10億分の1メートル）の単位にまで小さくなってきており、その製造は物理的に限界近くまできている。さらに集積率が高まることによって、集積回路を流れる電子数のばらつきによる動作異常や発熱の増大による温度上昇が顕著になり、動作周波数の限界も近づいている。

現在の情報通信システムを支えているエレクトロニクス技術の限界が見え始め、これ以上の進化が望めないとなれば、技術のみならず、社会の停滞にもつながりかねない。

4　3つの課題を解くためのパラダイムシフト

このような根源的な課題を解くためのカギとして、「デジタルからナチュラルへ」、そして「エレクトロニクスからフォトニクスへ」の転換に大きな可能性があると、私たちは考えている。

1　デジタルからナチュラルへ

自然界に学ぶナチュラル

ナチュラルな技術を一言でいうならば、これまでのデジタル技術では不可能だった、新しいセンシングや認知の方法を提供する技術といえるだろう。ここでは、そうしたナチュラルな技術へのアプローチをいくつか紹介する。

多様な価値観を学ぶためのアナロジーとして、自然界に目を向けてみよう。紫外線は人間の目には見えないが、昆虫や鳥には見えている。花はその中心部に紫外線を集める性質があり、蜂は紫外線によって、花の中心部の場所を正確に知ることができる（**図3**）。花に美しさを求める人間にとっては、色や質感が美しく見えることが価値になるが、蜂にとっては蜜の

人間の視覚に映る花　Science Photo Library／アフロ

蜂の視覚には、蜜のある中心部がくっきりと映る　Science Photo Library／アフロ

図 3

ありかが正確にわかることが価値だといえる。つまり、主体ごとに何に価値を見出すのかは異なり、同じ風景を眺めていても見えている世界は違うのである。

このように、従来は価値を見出されずに取得されていなかったさまざまな情報をていねいに拾い上げて蓄積し、あまねく伝送して情報処理に活用できる世界を構築することができれば、これまで想像もできなかったデータの重ね合わせによってさまざまな価値を人に提供することができるかもしれない。

コネクテッドカー[7]やMaaS（マース）[8]の開発の例でいえば、「この道路は安全に走行できるか」を、瞬時に正確に確認できることが価値となる。そう考えるなら、わざわざ多くのデータ量を費やして、高精細で見た目に美しい映像を送る必要はないだろう。道路が凍結しているか、障害物が落下しているか、すなわち安全であるかが判断できれば十分である。それぞれの場面で、人が求める価値および価値観を理解し、多様なかたちで自律的に解を提供するようなサービスを実現したいと考えている。

価値観は、文化や国はいうに及ばず、当然のことながら個人レベルでもそれぞれ違う。国家や個人の間で対立するとき、そこには価値観の違いが大きくかかわっていることが多い。もし、多様な価値観を理解し、それぞれの価値観をより深いレベルで捉えることができるなら、対立の解消というナチュラルがもたらされるかもしれない。

もっとも、そこにはトロッコ問題[9]等の「価値」をめぐる倫理的なジレンマが必ずや生じることだろう。これまでの一元的・機械論的な情報観では考えることのできない未知の課題

[7] ICT端末としての機能を有する自動車。車両の状態や周囲の道路状況などのさまざまなデータをセンサーにより取得し、ネットワークを介して集積・分析する。事故時に自動的に緊急通報を行うシステムや、走行実績に応じて保険料が変動するテレマティクス保険、盗難時に車両の位置を追跡するシステム等が実用化されつつある。

[8] Mobility as a Service の略。ICTを活用してクラウド化した交通手段により、マイカー以外のすべてのモビリティ（移動）を1つのサービスとして捉え、シームレスにつなぐ新たな「移動」の概念。

が至るところで生じるはずである。だからこそ、人々の生きる多元的な価値世界を前提とするIOWNの世界の構築に、人文科学、社会科学系の知見が不可欠なのである。

デジタルで取りこぼされてきた情報

この世界は人間の感覚では捉えることのできない、いろいろな情報に満ち溢れている。すでにさまざまなセンサでそうした情報を取得し、活用しているが、さらにいままではデータとして捉えられなかったような情報を、IOWNに組み込むことができたら興味深い世界が広がるだろう。

いま、またインスタントカメラ「チェキ」などで再評価されているフィルムカメラを例に考えよう。デジタルカメラはレンズから入ってきた光を電気信号に変換するが、フィルムカメラは、フィルムがダイレクトに光を捉え、化学変化により映像を映し出す仕組みだ。デジタルカメラでは、光を電気信号に変換する際に、人間の目が感知しない情報は余計なものとしてそぎ落とされるが、フィルムカメラは人間の目に取捨選択されることなく、さまざまな情報が焼き付けられることになる。フィルムカメラが捉えているものにフィルム写真ならではの味わいや奥行き、あるいはなにか別の要素が写し取られているとしたら、可視光以外の光や信号も対象にしていくことに意味がある。それもナチュラルな技術につながるだろう。

スマートフォンに搭載されたデジタルカメラにも、近年は類似のアプローチを感じることができる。たとえば焦点距離の異なる3つのカメラを搭載して望遠、広角、超広角の写真が

[9]「Aを救うために、Bを犠牲にすることは許されるのか」を問うた思考実験。自動運転の登場によりその倫理的問いが再注目されている。

瞬時に選べたり、暗がりでも鮮明な写真が撮れたりするなど、従来は撮ることが難しかった写真を楽しむことができる。また、5つのカメラセンサーが異なる露出で被写体を捉え、演算処理を経て最も美しく見える写真を合成する、といった技術も採用されている。これらも、人間の目では捉えられない情報をセンシングし活用する例といえる。

もし、蜂の視覚やゴリラや犬の嗅覚、コウモリの耳、そうしたものもナチュラルに捉えていねいに拾い上げていくとしたら、人間の五感を大きく拡張していくことができるだろう。もっとも、従来は自然界まで含めてあまねく情報を取り入れることは、ネットワーク環境の限界から試みることすら不可能だった。しかしIOWNの伝送技術ならばそれを可能にする。これまで不可能とされていた技術が実現されていくに違いない。

デバイス操作を不要にする

最後に、ナチュラルな技術の例として、スマートフォンの未来形の取り組みを紹介する。私たちは、これまでの電話ではできなかったいろいろなことを、スマートフォンのアプリを通じてできるようになった。しかしその一方で、アプリを使いこなすことにストレスを感じている人も少なくない。デバイスをより便利に高度に使いこなすためには、それに見合った知識や技術、リテラシーが必要とされてしまう。デジタル機器に慣れない高齢者などに顕著な、デジタルデバイドは深刻な課題でもある。

NTTが提案するユーザインターフェースの1つの未来形、「Point of Atmosphere」（PoA）

は、身の回りの個々のデバイスを意識せずに、人と環境が調和したナチュラルな世界の実現を目指すものである。ここではもはや端末は存在せず、システムがさまざまな場面・状況における人の行動や意図、気持ちを、環境を通じて理解し、能動的な働きかけにより、人の思考や判断の支援を行う。

部屋から外出しようとすると、行先を理解して、乗るべき電車を教えてくれる。旅に出ようとすると、目的地の気候に応じて、用意すべき服を教えてくれる。レストランに入ると好みに応じた料理やワインを教えてくれる。これらは生活シーンにおける一例だが、たとえばブレスレットのような、ネットワークとの接点となる「ポイント」を身につけるだけで、いちいちデバイスを操作せずに、必要な情報が得られるシステムを想定している。

2 エレクトロニクスからフォトニクスへ

ＩＯＷＮはこれまでのインターネットの限界を乗り越え、新しい伝送技術でこれまでにないネットワーク世界を構築する。そこでは近代以降、人類の課題となってきたエネルギー消費の問題にも解決への糸口を示したい。これを実現するための大きな鍵は、エレクトロニクスからフォトニクスへの変換、エレクトロニクスとフォトニクスとの融合にあると私たちは考える。

現在、ＮＴＴでは集積回路にも光技術を導入する研究を進めており、これが実現すれば、短距離伝送から長距離伝送まで、すべての伝送と演算処理に光を導入することが可能になる。

　その試金石となる研究成果が、2019年4月15日、英国科学誌『*Nature Photonics*』に発表された。世界最小の消費エネルギーで動く光トランジスタについて記されたこの論文には、大きな価値があると私たちは考えている。電子回路の一部に光技術を融合するこの技術は、NTT物性科学基礎研究所で20年以上前から研究されてきたが、サイズや消費エネルギーが大きく、実用技術としては確立されなかった。今回の研究成果で、従来のものに比べて消費電力を94%カットすることができたことで、実用化の可能性が高まったといえる。

　これはリアルタイムで分析やフィードバック処理を行うデジタルツインコン

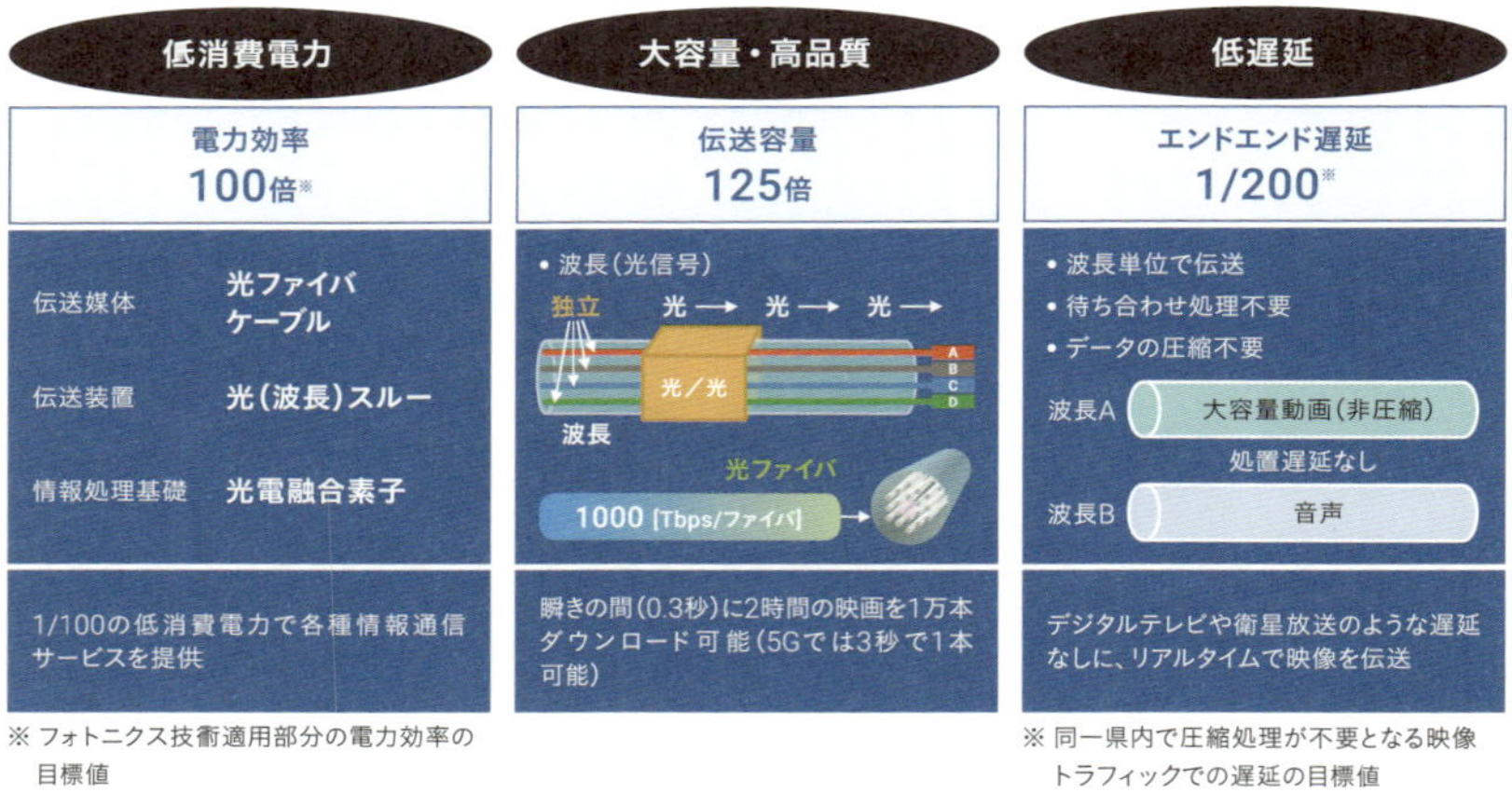

図4｜低消費電力、高品質、低遅延のオールフォトニクス

ピューティングをいずれ支える技術でもあり、もし実用化されれば、遅延時間が許されないミッションクリティカルな大規模演算を要するサービス、たとえばＭａａＳやコネクテッドカーといったサービスを支えることになるだろう。

このようなフォトニクス技術が実用化されれば、情報処理能力の問題、消費電力の問題に新たな解決の指針が得られ、ムーアの法則崩壊の懸念への突破口となりうると確信している。

5 ＩＯＷＮを構成する3つの要素

ＩＯＷＮは現在、次の３つの技術的な要素から構成される（**図4**）。

① オールフォトニクス・ネットワーク（All-Photonics Network：ＡＰＮ）
② デジタルツインコンピューティング（Digital Twin Computing：ＤＴＣ）
③ コグニティブ・ファウンデーション（Cognitive Foundation：ＣＦ）

① 「オールフォトニクス・ネットワーク」（ＡＰＮ）は、ネットワークに接続されるすべてのデバイスを対象とし、短距離から長距離伝送に至るすべての情報伝送と中継処理について、

従来のエレクトロニクスからフォトニクス、すなわち光技術への転換を図ることにより、エンドツーエンドでの光伝送を実現するものだ。これにより現状のインターネット技術の限界を突破し、圧倒的な低消費電力、高品質・大容量、低遅延の伝送を実現する（**図5**）。2019年にプレサービスが開始された5G（第5世代移動通信システム）、そのあとに続くBeyond 5Gなど無線通信との最適な接続も検討する。

そして、②「デジタルツインコンピューティング」（DTC）は、現実世界を構成するモノやヒトなどをサイバー空間上にリアルに再現するとともに、それらを組み合わせた高度なシミュレーションを可能とする技術を指す。アメリカ国防総省国防高等研究計画局（DARPA）による造語である「デジタルツイン」は、現実世界の現象を計算機上で再現する、いわゆる「デジタルの双子をつくる」という考え方だが、これをベースとしながら、その組み合わせと適用範囲をさらに拡張したコンピューティングの概念である。現実空間をデータ化してサイバー空間に写し取るだけでなく、それらを高度にモデリングし、多様なモデル間の相互な演算処理によって掛け合わせることにより、革新的なサービスを目指す。ナチュラルな技術の頭脳部分はここにあたるだろう。

ここではさまざまなセンシングデバイスの中から対象のデジタル再現に必要なものが選択され、信号品質や伝送遅延など、必要なクオリティでネットワーク内を伝送される必要がある。また、現状ではユーザ自身の操作で4GやWiFiの使い分けが必要な無線アクセスも、ユーザが意識することなく自然に最適なワイヤレスシステムを割り当てられることが必要である。

有限なＩＣＴリソースに対して、それらを全体最適に調和させてリソース配分を行い、必要な情報をネットワーク内に流通させる仕組みが③「コグニティブ・ファウンデーション」（ＣＦ）だ。

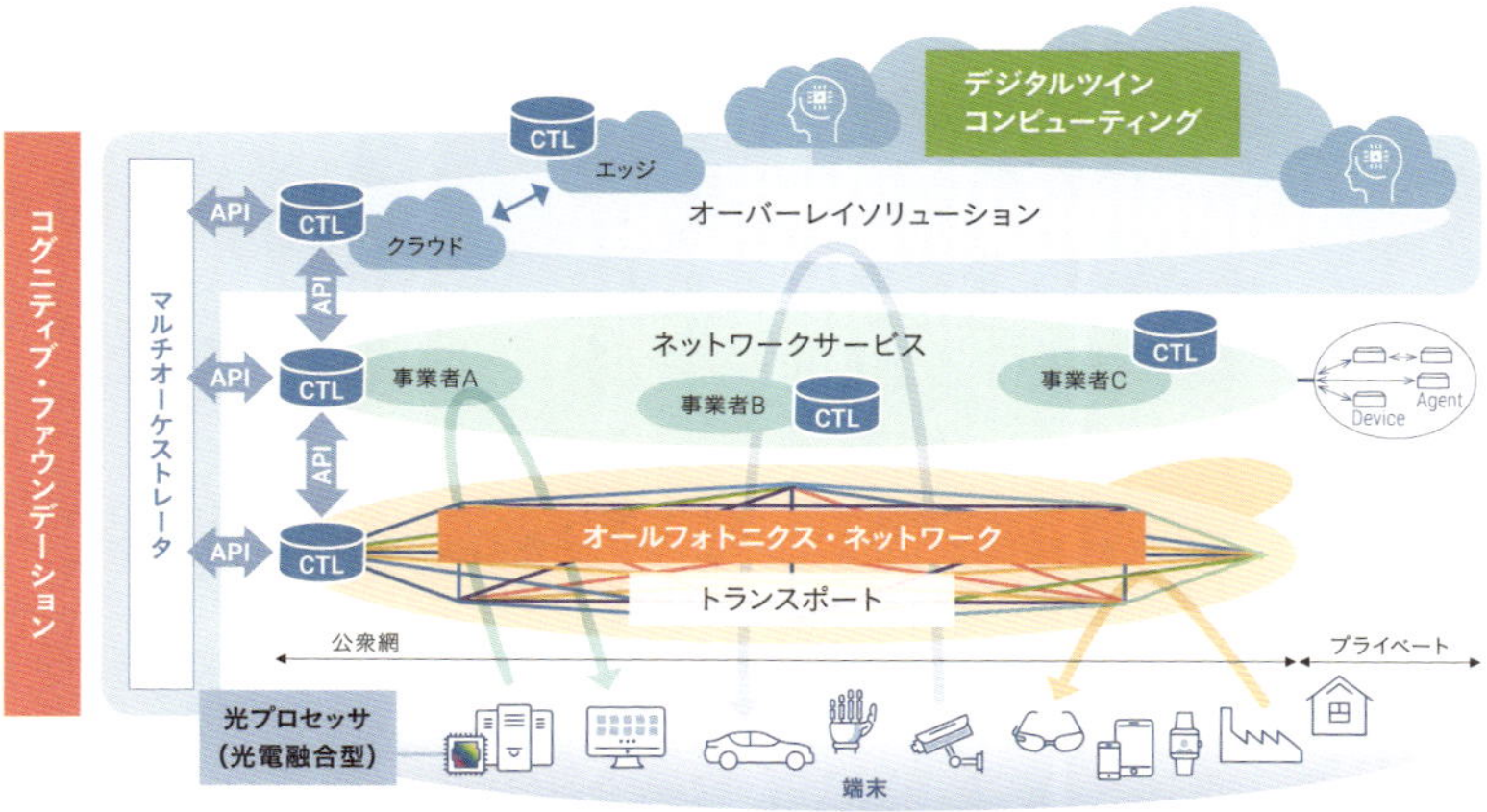

図5｜IOWNの構成

6　ＮＴＴのＩＣＴ構想の歩み——「マルチメディア」から「マルチバリュー」へ

ＮＴＴではこれまで、１９７９年のＩＮＳ構想から10年を経て実現したＩＳＤＮを始まりとして、「情報」と「ネットワーク」が連携したマルチメディア通信への取り組みを進めてきた（**図6**）。こうした取り組みは現在、通信のデジタル化、光化を基盤に、「より安心に」「より快適な」ネットワークとして結実したといえる。

そしてＩＯＷＮはネットワークの次なる時代、社会の多種多様な価値観を受けとめてサポートする「マルチバリュー」への進化を目指す。10年後の２０３０年に向けて、これまで蓄積してきた技術を活かし、基礎から応用まで幅広く研究開発を進めていく考えである。同時に、幅広い研究・技術分野の専門家やグローバルパートナーと連携しながら、ＩＯＷＮ構想の実現を目指していきたい。

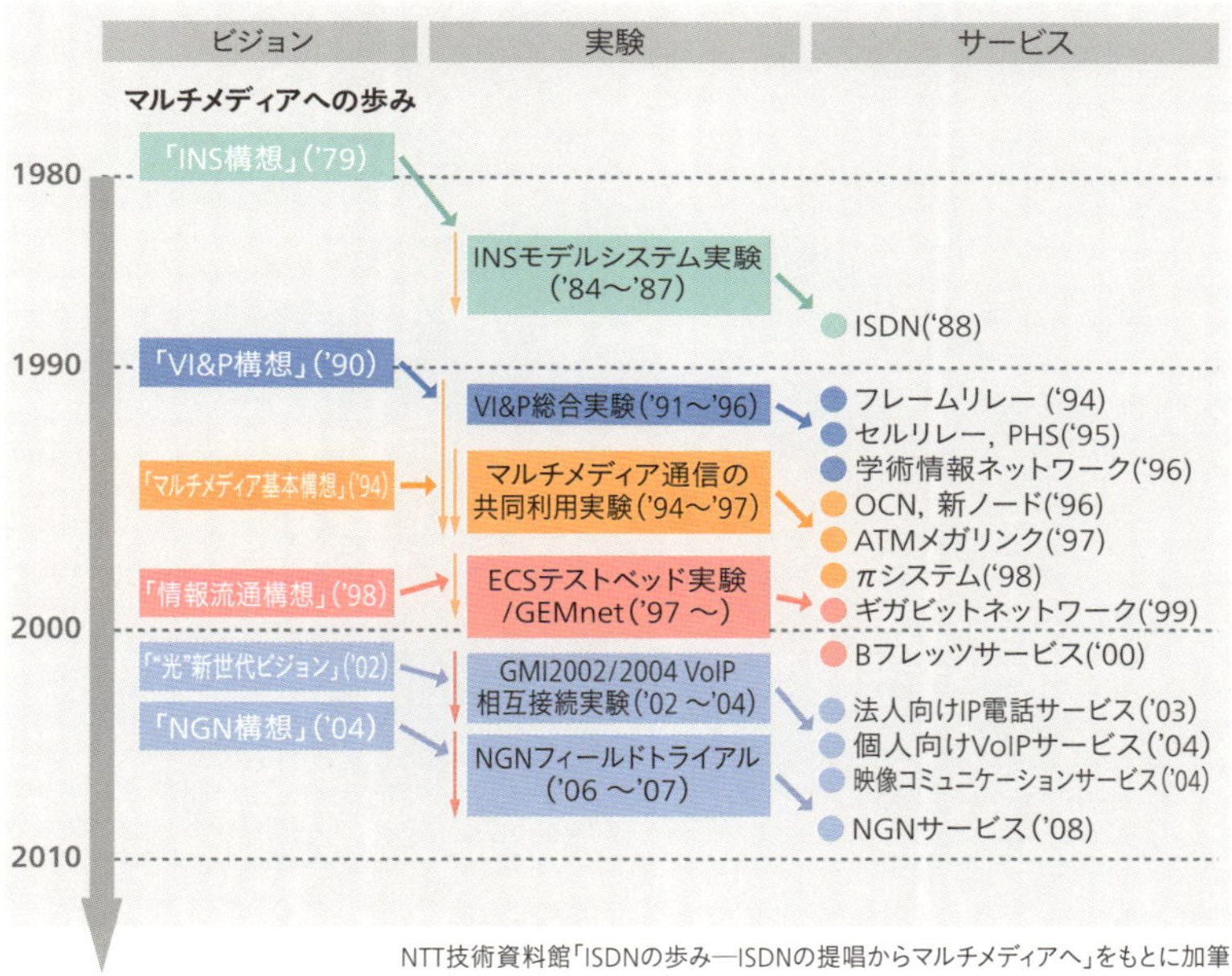

NTT技術資料館「ISDNの歩み—ISDNの提唱からマルチメディアへ」をもとに加筆

図 6 | NTTのマルチメディア構想

第2章

IOWNの鍵となる11のテクノロジーと3つの構成要素

NTT研究企画部門 編

1　ＩＯＷＮとともに前進する11のテクノロジー

世界はいま、急激な変化の只中にある。その最大の要因と言えるのが、近年のＩＣＴの進展と普及、そしてさまざまな先端技術によるイノベーションである。とくにインターネットは、情報やモノの価値交換のコストを劇的に下げ、物理的な制約を取り払い、世界の距離を一気に近づけて、社会のあり方を大きく変えてきた。

一方で、その発展の限界も見え始めている。ムーアの法則の崩壊やＳＤＧｓに代表される世界的な社会課題の噴出、デジタル社会の功罪、世界の分断などを背景に、私たちは現代社会に続くスマートな世界、人類の持続的発展に基軸を置いた新たな未来を築いていく必要があるだろう。それこそがＩＯＷＮの役割である。

そのスマートな世界の構築に貢献する技術として、私たちは以下に示す11のテクノロジーを抽出している。[1]

01　人工知能（AI）

02　仮想現実／拡張現実（VR／AR）

03　ヒューマン・マシン・インターフェース（HMI）

04　セキュリティ

[1] グローバルでの主要8産業（不動産・建設、小売、製造、医療、自動車・モビリティ、金融、エネルギー、農林水産）を対象とした社会トレンドの調査と、社会トレンドを支えるテクノロジーの抽出を行い、8産業を俯瞰したテクノロジーを類型化することで、11個のテクノロジートレンドを抽出した。

05　情報処理基盤
06　ネットワーク
07　エネルギー
08　量子コンピューティング
09　バイオメディカル
10　先端素材
11　アディティブ・マニュファクチュアリング

これらは、世界が抱える社会課題解決に欠かせないものであり、人類の持続的発展に資する重要なテクノロジーである。同時に、ＩＯＷＮを前進させ、ＩＯＷＮにより進化していくテクノロジーでもある。つまり、11のテクノロジーとＩＯＷＮは相補的に互いの発展を加速させていき、人類が抱える課題を解決していく。ＩＯＷＮの世界は、多種多様な領域の先端テクノロジーに支えられ、またＩＯＷＮが先端テクノロジーを支えることで、より光り輝くといえる。

それでは、スマートな世界を実現するための11のテクノロジーの概略を見ていこう。

01 人工知能

人工知能（AI）研究はいま、ビッグデータ解析や機械学習、深層学習の進展を背景に、世界中で研究が加速し、すでに数多くの領域で実用化が進みつつある。周知のように、メディア処理など、特定の機能においては人間の能力を凌ぐほどの成果をあげている。しかし、汎用性を備えた、トータルな人間の知能に迫るという意味では、現在のAIはまだその目指すべき姿に到達していない。

一足飛びに人間に近づくのは難しいが、次なるステップとして考えられるのは、人間を中心に据えて、個々人の多様な「価値観」を受けとめるAIである。与えられた問題の解答を導き出すだけのAIにとどまらず、多様な人間の価値観に根ざし、思考の背景や場の状況などを理解したうえで、個々人の価値観と絶えず向き合い寄り添うAIが求められるともいえる。

02 仮想現実／拡張現実

仮想現実／拡張現実（VR／AR）は、すでにさまざまな応用事例が発表されており、今後、飛躍的な成長が期待される技術である。古くよりドライブシミュレータなどで実用化されてきただけでなく、近年ではエンターテインメント産業などで盛んに取り入れられており、B2B、B2Cビジネスともにさまざまな領域で実用化が検討され、社会実装に向けて動き出している。

さらに多様なシーンで活用していくためには、対象物の存在感の本質へ近づけるための「存在感の深化」が重要となる。「処理の高速化」や「酔いの抑制」といった課題も解く必要があるだろう。こうした課題の克服とともに、今後、いっそう視覚や聴覚、触覚などを高度に複合させる技術が進歩することで、存在感はさらにリアルに近いものへとアップグレードされることになる。

03 ヒューマン・マシン・インターフェース

ヒューマン・マシン・インターフェース（HMI）とは、人間と機械（人工物）が相互に情報をやりとりするための技術や仕組みのことである。近年のVR／ARの進歩に加え、認知科学や神経科学、ロボティクスをはじめとする関連技術の進歩により、その概念は広がり、深化してきている。VR／ARが人間の感覚への入力、ひいては人間の感覚そのものの拡張であるとすれば、HMIは人間と機械との双方向のやりとりを通した人間の「感覚と運動」の拡張ともいえる。

人間がデバイスやロボティックスを「使っている」と意識することなく、人間の身体を自然に拡張していくこと、人間をより深層から理解することを通じて、HMIの概念をさらに深化させるべく研究を続ける必要があるだろう。

04 セキュリティ

ICTの進化とともに、サイバー攻撃はますます巧妙化し、大規模化するリスクが生じている。IoTの普及によってネットワークにつながる機器が爆発的に増加したことにより、攻撃されうる対象も広がっている。高度に発達したネットワークやIoT機器への攻撃は、現実世界で大きな事故を引き起こす可能性もある。

被害を最小化していくために、攻撃に耐えるだけでなく、「予防的」なセキュリティ対策が重要となりつつある。予防的な防御においては、たとえば機械学習などを用いて攻撃の手法や被害の実態を早期に把握し予測する。それによって、被害を緩和して攻撃に備えるなど、より機動的に攻撃に対処することが可能となる。日々進化するサイバー攻撃の脅威に対抗するべく、「予防的な対策の充実」のほか、IoTやモビリティなど現実空間への「防御対象の拡大」、さらに将来のコンピューティング環境も見据えて情報を守り続けるための「暗号技術」といった分野の研究が重要となるだろう。

05 情報処理基盤

高度なＡＩを動かし、ＩｏＴを実装するには、リアルタイムに大量の情報を処理する情報処理基盤が不可欠だ。この分野をめぐって研究開発が加速しており、なかでもＡＩチップ市場は急速な成長が見込まれている。

実世界に対面しながら状況を認識し、自律的な対処を行うＡＩデバイスがさまざまな機器に導入されるようになると、やがて、実世界のあらゆる事象をリアルタイムにデータ化して流通させ、個別のデバイスに閉じることなく社会全体でタイムリーに対処する必要が発生する。たとえば、道路上に障害物があれば、自動運転車はそれをよけると同時に、障害物の存在を周辺に知らせ、通知を受信した他の車両は経路を変更する、といったことが生じる。

このような世界を実現するには、実世界のさまざまな事象（モノの状態、イベントの発生など）を情報化し、流通させるための「インフラ」が必要となる。高速・超低遅延なネットワークとともに、情報処理基盤にも演算能力や演算効率の飛躍的な向上が必要とされるだろう。

06 ネットワーク

世界中の国の人びとがネットワークでつながり、さらにＩｏＴ機器やコネクテッドカーなど「つながる」モノが増加するにしたがって、ネットワークに対する要求もますます高まっていく。とくに「ネットワークの高速化」と「ネットワーク制御の高度化」が求められており、世界で研究開発が進んでいる。

前者に対しては、空間多重技術などの高度な光伝送技術や無線伝送技術の開発が行われ、後者に対しては、エッジコンピューティングやネットワークの仮想化、ネットワークの最適化、ＡＩを用いた自動的なオペレーションなど、さまざまなアプローチが試みられている。

こうしてつくりだされる革新的なネットワークは、あまねくプレイヤーをつなぎ合わせて、これからのスマートで豊かな社会に必須のインフラとなっていくことだろう。

07 エネルギー

世界人口の増加やICTの拡大にともないエネルギー需要が高まるなか、地球環境を意識した再生可能エネルギーの活用や、電力の需要供給調整を促すスマートグリッドなどを通じて、社会全体での電力利用の最適化が必須となっている。日本においても現在、太陽光パネルと蓄電池（電気自動車も含む）などの分散型電源をつなぎ、それを個人間や事業所間で取引するなど、電力の〝地産地消〟や自給自足に向けた取り組みが始まっている。

今後はエネルギーを〝賢く〟流通させるためのリアルタイムエネルギー需給マッチングにもとづく、「エネルギー流通基盤」上での需給最適化を図る技術が必要になる。それらを支えるものとして、エネルギーを効率よく電気に変換する技術や、人工光合成といったグリーンエネルギーの基礎技術の研究も重要だろう。これらのアプローチによって、私たちは社会基盤としてのエネルギーを再構築できるだろう。

08 量子コンピューティング

量子コンピュータは、量子力学的な性質を積極的に用いる情報処理により、これまで解決できなかった問題を解決する手段として期待される。

とりわけ「最適化問題」に関連する用途において、各産業で実用化を目指した取り組みが加速している。従来の計算機では計算量が膨大になりすぎて、答えを出すまでに途方もない時間がかかるような問題に対する1つのソリューションが量子コンピュータというわけだ。

たとえば、量子コンピューティングを活用すれば、物流や在庫、店舗配置の最適化、モビリティや人流のルート最適化、都市の機能配置の最適化など、膨大な量の選択肢のなかから最適な解答を即座に導き出すことが可能になるだろう。

09 バイオメディカル

生物学や化学、医学の発展とテクノロジーの進化が相まって生体情報の理解が進んだことにより、バイオや医療の領域は急速な進歩を遂げてきている。近年のバイオテクノロジーの研究においては、「分子スケールの操作」や、「分子デザインの多次元性」といった領域が注目されている。細胞レベルの高精度かつ多次元的なデザインに関しては、iPS細胞による再生医療も重要なトピックの1つといえる。

一方、バイオテクノロジーに関する研究成果は、医療やヘルスケア、あるいは人間の健康維持に欠かせない食の供給を担う農林水産業のみならず、情報通信の領域にも活用され始めている。たとえば、金融取引における本人確認ではバイオ認証技術が役立ち、スマートフォンの認証も生体認証が主流になりつつある。今後、情報通信を含めてますます分野横断的な活用が進んでいくことだろう。

10 先端素材

ナノマテリアルやバイオマテリアルを筆頭に、近年、従来の「素材」の概念を覆す新たな先端素材の研究が進んでいる。こうした先端素材の開発は、医療などを通して私たちのQOL（クオリティ・オブ・ライフ）の改善に資するとともに、製造業をはじめとする多種多様な産業におけるイノベーションの基盤にもなっている。

そうしたなかで現在、求められているのが、シミュレーションや機械学習を活用して素材や分子の組み合わせを絞り込み、経済的・時間的コストを抑える「材料開発の加速化」である。さらに医療分野では、分子標的治療や細胞治療などにおいて生体親和性に優れた形状や機能を持ち、個々人に適した所望の治療や創薬を実現する「機能のパーソナライズ化」も重要な課題の1つとなっている。

11 アディティブ・マニュファクチュアリング

3Dプリンティングに代表されるアディティブ・マニュファクチュアリングは、その名の通り素材を重ねたり付加したりして、求める最終部品をつくり上げる技術である。設計上のさまざまな制約を解き放ち、低コストで多様な機能を付加できるため、いまやスマートな世界をつくるうえで欠かせないテクノロジーの1つとなっている。

現状はまだ萌芽期の技術であって、課題は多いが、素材の多様化や積層の高速化、高精度化など、さらなるイノベーションにより、時間経過にともなう形状変化が可能な4Dプリンティングの実用化や、バイオプリンティング分野への応用などに期待が高まっていくだろう。

2　IOWNを構成する3つの要素

以上、今後、スマートな世界の構築に資する11のテクノロジーを概説した。次に、第1章でも触れたIOWNを構成する3つの要素について詳しく説明していこう。

① オールフォトニクス・ネットワーク（All-Photonics Network：APN）
② デジタルツインコンピューティング（Digital Twin Computing：DTC）
③ コグニティブ・ファウンデーション（Cognitive Foundation：CF）

これら3つの要素は、それぞれ伝送、演算、それらをつなぐICTリソースの配分と、ネットワークおよび情報処理基盤全体を構成する主要な機能に相当する。DTCを用いて実現されるサイバーフィジカルシステムのように、大規模演算・大容量通信が求められるコンピューティング環境の構築は、APNによる低消費電力、大容量、低遅延の伝送と、CFによるすべてのITリソースの最適な配分なしに、実現することは難しい。すなわちIOWNにおいては、APN、DTC、

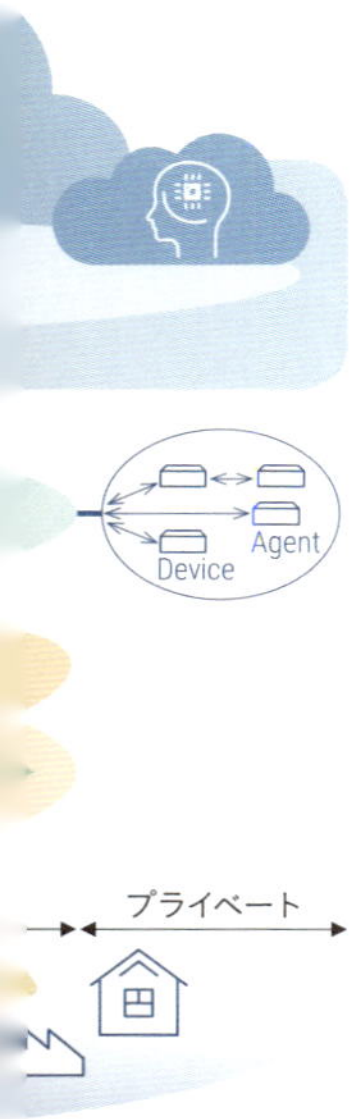

CFの技術開発はそれぞれ個別の目標に対して進められるのではなく、3つの要素が一体となって、革新的なビジョンを実現するべく研究開発を進める必要がある。

したがってNTTではこれまでのR&Dの成果を基軸に、複数の分野を横断して広範囲にわたる技術開発を推進していく。

IOWNにおける3つの構成要素の役割はそれぞれ、以下の通りである。

図1 | IOWNの構成

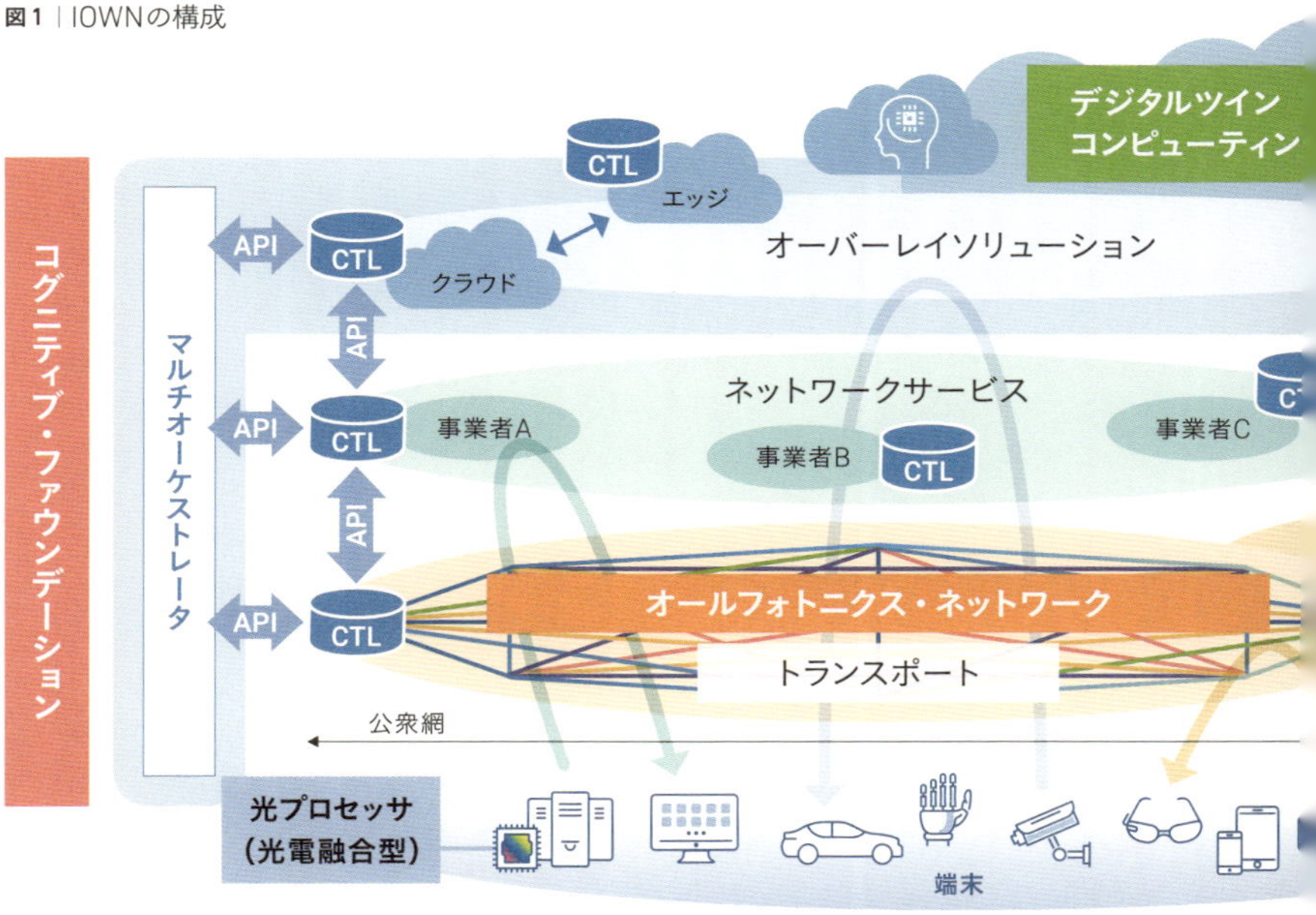

1 オールフォトニクス・ネットワーク（APN）

オールフォトニクス・ネットワークとは、発信元から受信先まで、すべての通信が光でつながるネットワークである。現在の光ファイバ伝送を用いたインターネット回線では、ルータを介して、光信号と電気信号との変換を何度か行わなければならないが、APNでは、電気信号を介することなしに光信号だけで通信することを目指す。

APNを実現するうえでは、さまざまなサービスからあがってくる無数の通信要求に対して機能別のトポロジーを設計し、有限の波長を最適に割り当てる技術や、オール光の通信を有限の光ファイバで収容可能にするための動的な波長パス接続技術が必要になる。ファイバあたりの大容量化や、光多重・スイッチ・波長変換素子などの新たな光デバイスの研究開発も重要である。さらには、無線アクセスを含んだ高速化を実現するための超高速無線技術も欠かすことができない。

■オールフォトニクス・ネットワークがもたらすもの

すべての通信デバイスが電気信号を介さずに光でつながり、より多くの波長を活用することで、現在のネットワークと比較してはるかに大容量、かつ超低遅延な伝送が実現することになる。革新的な大容量化により、これまではデジタル変換する段階で取りこぼしてしまっていた情報を、より原信号に近い精細な状態で送受信することが可能になるだろう。さらには、人間が認識できない情報、映像通信を例にとれば可視光だけではない情報も含めて活用することが想像できる。大容量の情報をあまねく伝送する能力はあらゆるセンサネットワークに対して恩恵をもたらすだろう。

また、光ファイバ伝送において情報ごとに異なる波長を割り当てれば、複数の情報を同時に超低遅延で送ることも可能だ。たとえば多チャンネルで高精細な画像を送りながら、遅延のないインタラクティブなやりとりをすることも可能になり、遠隔手術など通信品質に対する要求がクリティカルな現場での実用化も見えてくるだろう。

2 デジタルツインコンピューティング（DTC）

デジタルツインコンピューティングとは、これまでのデジタルツインの概念を発展させたものであり、多様なデジタルツインを掛け合わせてさまざまな演算を行うことにより、実世界の「再現」を超えたインタラクションをサイバー空間上で自由自在に行うことが可能な、新たな計算パラダイムである。

デジタルツインとは、たとえば工場における生産機械、航空機のエンジン、自動車などの実世界の対象に関する形状、状態、機能などをサイバー空間上で正確に表現したものである。また、医療分野におけるMRIデータやCT画像など、モノだけでなくヒトに関して正確に表現された情報も、既存のデジタルツインの一形態といえる。だが、現時点において、デジタルツインは実世界の対象（ヒトやモノ等）を特定の目的のために「再現」することに特化している。

そこでDTCは、これまでのデジタルツインの概念を発展させ、多様なデジタルツインを掛け合わせてさまざまな演算を行うことにより、実世界の「再現」を超えたデジタルツイン同士のインタラクションをサイバー空間上で自由自在に行うことを目指す。たとえば、モノだけではなくヒトも含めたデジタルツインを構成するデータやモデルを、相互に「交換」、「融合」、「複製」することにより、サイバー空間内で精緻かつ複雑な仮想社会を構築、シミュレートし、その結果を実世界にフィードバックすることが可能となるだろう。

ＤＴＣの実現に向けて、感情・思考・価値観などのヒトの内面のデジタル化や、それを用いたヒト・モノを同一空間にダイナミックに合成し、シミュレートする技術等が求められる。

デジタルツインコンピューティングがもたらすもの

ＤＴＣによるフィジカル空間とサイバー空間の高度なインタラクションにより、たとえば次のような課題解決やサービス提供が実現すると考えられる。

①未来都市のデザイン

ＤＴＣにより、現在はまだ存在しない都市デザインを行うことができる。たとえば、新しい都市をつくる際に、その場が持つ立地条件や気候を仮想世界に構築し、そこに既存の都市の住居やビル、電力などのインフラのデジタルツインを「融合」して合成したモノを配置することで、新たな都市の最適なサイズや構造を事前にシミュレーションすることが可能になる。またそこに住む人びともデジタルツインとして配置することで、生活習慣や文化も加味したヒトと都市のインタラクションを実現し、その都市に息づくであろう社会活動までも再現することができる。

②ヒトを含めた実社会の未来予測

DTCにおけるヒトのデジタルツインは、思考や意思決定・行動プロセスについて個人性を備えたかたちでモデル化される。そのため、複数のデジタルツインを集めて仮想社会を構築すれば、その仮想社会における人びとの生活をシミュレートし、未来を予測できるようになる。統計的にモデル化された画一的なヒトを用いたシミュレーションと異なり、多様なヒトの思考や行動を反映することで、より精度の高いシミュレーションを実現できる。また、仮想社会全体のシミュレーション結果を組織や社会の意思決定に利用するだけでなく、個々のヒトに対するミクロな観点のシミュレーション結果を、自身の行動等を決定するために利用することも可能だろう。

3 コグニティブ・ファウンデーション（CF）

コグニティブ・ファウンデーションとは、クラウド、ネットワークサービスに加え、ユーザのICTリソースを含めた構築・設定および管理・運用を、一元的に実施できる仕組みのことである。従来これらのICTリソースはサイロ化され個別に管理・運用されており、エッジコンピューティングやハイブリッドクラウドにおける高度な分散連携を実現する際の大きな障壁となっていた。

CF実現に向けて、ユーザにネットワークを意識させない完全自動化・自律化が可能なユーザフレンドリーなオペレーション技術や、サイバー攻撃対応のオペレーションの自律化・完全自動化の技術などが必要となる。

有線だけでなく、無線を含めたシステム全体の高度化も不可欠である。利用者状況に合わせたプロアクティブなエリア実現や複数無線連携技術などにより、無線ネットワークを意識させない通信環境の実現が必要になるだろう。NTTではこうしたCF内の無線制御技術の総称を「Cradio」(クレイディオ)と名づけ、研究開発を加速させていく。

コグニティブ・ファウンデーションがもたらすもの

CFでは、ICTリソースとMulti Orchestratorが連携することで、迅速なICTリソースの配備・最適化と、アプリケーション配置の最適化(自動設計や自律運用)を実現する。さらにインテリジェント機能を具備させることで、より高度な管理・運用を実現する。結果として人手をかけない効率的なスマートオペレーションなど、自らの業務のデジタルトランスフォーメーションやB2B2XモデルにおけるミドルBの事業者の業務効率化に貢献するとともに、エンドユーザにも迅速なサービス提供等の利便性向上を実現する。

これらの技術は、IOWNに日常的に触れるユーザに意識されるものではないだろう。しかしながら、極めて膨大な情報を収集・伝送・処理・フィードバックするIOWNの世界を構築し、全体最適なサービスを提供するために非常に重要なものといえる。

3 11のテクノロジーとＩＯＷＮの3つの構成要素

ここまで概説してきた11のテクノロジーとＩＯＷＮを構成する3つの要素は、階層関係ではなく、入れ子のように複雑に絡み合いながら、ＩＯＷＮの世界を構成していくものになると考えている。

それでは、今後世界中で研究開発の活発化が予想される11のテクノロジーと、ＩＯＷＮの3つの要素がどのようにつながり相互作用を起こしながら、双方を加速していくのか考えてみたい。11のテクノロジーのなかには、ＡＰＮ、ＤＴＣ、ＣＦのそれぞれとかかわりが深いものもあれば、ＩＯＷＮ全体とかかわりが深いものもある。詳しく見ていこう。

オールフォトニクス・ネットワークを前進させる技術

まず、ＡＰＮを構成し、加速させるための技術を俯瞰してみよう。ＡＰＮの実現には、短距離から長距離までのすべてのデータ伝送や情報処理に光を導入した「光電融合」が大きなキーワードとなり、そこで活用される要素技術が次々と誕生しつつある（第2部CS❾「ＡＩ光インターコネクト技術」、CS⓫「光フロントエンド集積デバイス技術」、CS⓯「ナノフォトニクスデバイス技術」など）。「**06 ネットワーク**」のテクノロジーは当然のこと、オールフォトニクスに向けた革新的なデバイスや素子を開発するための「**10 先端素材**」や「**11 アディティブ・マニュファク**

チュアリング」が技術の鍵となるだろう。

デジタルツインコンピューティングを前進させる技術

続いてＤＴＣおよびそれを活用するアプリケーションを構成する技術を考えてみる。ＤＴＣは実世界のモノおよびヒトを高度にモデル化する。それによって期待されるのは実世界をベースとした超大規模・広範・高速かつ高精度な予測機能である。これらを実現するためには当然ながら、「**01 ＡＩ**」のテクノロジーの広範な活用が不可欠である。また、ヒトへ自然に情報を提示するインターフェース技術として、「**02 ＶＲ／ＡＲ**」や「**03 ＨＭＩ**」技術を活用する必要があるだろう。また、革新的な処理能力のために「**08 量子コンピューティング**」関連技術の応用も考えられる。

コグニティブ・ファウンデーションを前進させる技術

ＣＦは、伝送ネットワークのリソースのみならず、情報を収集するセンサやＩｏＴデバイス、収集した情報を分析処理するコンピューティングリソースなど、目的とする処理を実現するためのすべてのリソースを管理の対象とする。そして、これらの全体最適を図りながら統括管理する。極めて大規模なリソース群の全体最適のためには、人手を介さない完全自動化・自律オペレーションの実現が鍵となり、「**01 ＡＩ**」と「**06 ネットワーク**」の融合が大きなテーマとなるだろう。

全体的にＩＯＷＮを前進させる技術

最後に、３つのレイヤを横断して、全体的にＩＯＷＮを前進させる技術を考える。「**04 セキュリティ**」と「**05 情報処理基盤**」の２つのテクノロジーをベースとした、セキュアで高速・大規模かつ高精度な情報処理は、「情報環境＝場」としてのＩＯＷＮを形づくるうえで欠かせない基幹技術であり、ＩＯＷＮの３つの構成要素すべてに密接にかかわりながら進化していくこととなる。

ＩＯＷＮによって加速される技術

続いて、ＩＯＷＮの実現によって加速されるテクノロジーについて考えてみる。

「**07 エネルギー**」分野は、現在の技術の延長線上でもシミュレーションの高度化は可能だが、ＩＯＷＮが実現した世界では、はるかに広範で高精度な運用が可能になるだろう。また、ＤＴＣをベースとして高度な予測技術が確立した世界では、「**09 バイオメディカル**」の分野において、パーソナル医療データのＡＩ分析による精密医療・個別化医療、日常生活の心身状態をリアルタイムに把握するスマートヘルスケアなどが実現する。このようにさまざまな分野で、予測精度の飛躍的な向上にＩＯＷＮが大きく貢献できる可能性があるといえるだろう。

技術トレンドとして注目される11のテクノロジーは、今後ますます進化し、人びとの生活を支え、浸透していくだろう。我々は、ＩＯＷＮを通じてこれらのテクノロジーを新しい「情報環境＝場」につなげるとともに、ＩＯＷＮによってこれらのテクノロジーをさらに発展させていきたい。ひいては、人類が現代社会で抱えるさまざまな課題の解決につながると信じて活動していく。

ここまで、ＩＯＷＮの世界をかたちづくっていく11のテクノロジートレンドと3つの構成要素、さらにはその関係性について概説してきた。11のテクノロジーは、国内外問わずさまざまな企業や研究所がめまぐるしく進化させており、私たちの生活をアップデートしている。こうしたテクノロジーの進化の恩恵を受けるかたちで、ＩＯＷＮの世界はつくられていくと同時に、これらのテクノロジーの発展をさらに加速させていくであろう。

第3章

IOWN構想が開く未来社会

井伊基之——NTT代表取締役副社長

1　ＩＯＷＮ構想が目指すもの

コミュニケーションから未来予測へ

２０１９年、ＩＯＷＮ構想は、10年後の２０３０年を目指してスタートした。本章では、この近未来にどのような社会が実現しているのかを考えてみたい。

これまでの情報通信技術の進歩を振り返ってみると、電話であれ、ＩＳＤＮであれ、光ファイバー通信であれ、コミュニケーションの進歩を目指してきたといえる。声から始まり、文字や映像も送受信可能になり、そしてそれらはより高精細に、大容量にと、コミュニケーションの価値は拡大してきた。やがて人と人とのコミュニケーションを超え、センサーで集めたデータを活用してヒトとモノ、あるいはモノとモノがつながるIoTの仕組みを生活や産業に生かすようになってきた。とはいえ、ここまでの技術の本質はコミュニケーションにあったといえるだろう。

けれども、ＩＯＷＮが目指すものは、これまでとは異なるステージだといっていい。鍵となるのは「未来予測」だ。これまで築いてきたコミュニケーション主体のネットワークを基盤に、未来予測という新たな価値を創出する。正確な予測ができれば、それに応じた対応を取ることができる。これはつまり、「未来を変えること」にほかならない。

未来を変える――それができるようになったとき、人の価値観や幸福感はどのように変わるのだろうか。

極めて正確で迅速な未来予測が現実世界を変える

比較的単純な未来予測ならば、現在のシステムでも実現している。けれどもＩＯＷＮが実現する未来予測は、桁違いの正確さと迅速さが特徴だ。

たとえば公共の場所で、どれだけの人数がどのように動くのかを予測する人流予測システムがある。ショッピングセンターなどでは、それに基づいて空調を制御したり、危険を察知したりして活用している。これは各ポイントに設置されたセンサーから送られてくる人数、室温、エネルギー消費量などのデータを集めて演算処理を行い、予測値を出力する仕組みだが、ＩＯＷＮが導入されれば、より迅速で正確な予測により、さらにきめ細かな空調制御ができるようになる。省エネ効果もいっそう高まるだろう。また、不審物や危険な場所の検出などをすばやく予測したり、挙動不審な人物を瞬時に察知したりできるようにもなる。予測に基づき未然に対処することで、事故や事件の防止効果も高まるだろう。

また、医療やヘルスケアの分野では、バイオデータを活用した高度な未来予測も考えられる。体温や血圧、心拍数などの日々のバイオデータに、これまでかかった病気の履歴、ゲノム情報などを合わせて演算処理することにより、いつ頃、何の病気にかかりやすいかを正確に予測できるようになる。これにより、各個人ごとに未病の段階での予防や、病気にかかった時に迅速な対応ができるほか、社会全体としての疾病や感染症などの傾向が把握できれば、あらかじめ創薬や治療法の開発を先行させることもできる。ただしこの場合は、十分に個人情報保護の対策が取られなければならない。

瞬時に正確な判断が必要とされる自動車の自動運転にも、ＩＯＷＮは活用できる。自動車や道路脇に設置されたカメラからの情報は膨大な量になるが、これらを迅速に伝送し高速に処理することによって、正確な渋滞予測や迂回ルート情報を迅速に導き出せる。さらには、地域全体の交通をうまくコントロールすることで、渋滞や事故を起こさないようにすることも可能になるだろう。未来を正確に予測することで、未来を変えることが可能となる。

サイバー空間上での未来予測からよりよい選択肢を

「デジタルツインコンピューティング」（ＤＴＣ）を活用し、現実に先立って、サイバー空間上で未来予測を行うことが可能となる。現在の計算ソフトウエアの仕組みだけでは困難だが、新しいＤＴＣの発想を使えば、サイバー上でモノの世界と人の世界を仮想的に融合することができる。すなわちサイバー空間上でいろいろな要素を組み合わせて高速で演算処理することにより、未来時点における解を得ることが可能になるということだ。

たとえば何かの課題に対して議論したい場合、この仕組みを使って、議論する人とテーマをインプットすれば、その結論を一瞬で知るといったことができるかもしれない。仮に、結論を出すまでに1時間かかる議論があったとして、結論をサイバー上で瞬時に出せるとしたなら、それは1時間後の未来予測ができたことになる。

もちろん解は1つとは限らない。条件を変えたり、サイバー空間上の人の思考を調整したりすれば、条件ごとに複数の解答を得ることもできるだろう。そこからよりよい解を人間が選び取ることができるのだ。脳科学などの進展を待たなければ人間の思考そのものをサイバー空間に再現することは難しいが、一部の機能としての思考や感情、価値観を再現し、活用できるとしたら、さまざまな場面での意思決定に役立てられるのではないだろうか。

2 世界に向けたオープンイノベーションの試み

ビジョンの実現に向けて始動

このようなビジョンを実現させるためには、現在のICT技術にはない、新しい考え方と新しい技術が必要だ。NTTは伝送技術の「オールフォトニクス・ネットワーク」（APN）と、新たなサービスを生みだす「デジタルツインコンピューティング」を、「コグニティブ・ファウンデーション」（CF）により最適に制御することにより、これまでにない低消費電力、大容量、低遅延、高度情報処理の基盤技術を実現し、IOWNを推進していく。低消費電力は地球全体で活用できるエネルギー状況を考えると、非常に重要なファクターだ。

NTTには12の研究所があり、情報通信技術分野にとどまらず、脳科学をはじめ幅広い分野を手掛けている。それぞれの分野においては、実用研究のみならず基礎研究にも重きをおき、光技術や光イジングマシンなどで目覚ましい成果も挙げている。ＩＯＷＮ構想はこのような研究成果のさらなる進歩を必要とするが、当然のことながらＮＴＴ単独でこれを実現させることは不可能だ。広くワールドワイドにパートナーを求め、オープンイノベーションで推進していく。

今後いくつもの新しいプロジェクトのスタートが予想されるが、次にＮＴＴがすでにパートナーと協働で手掛け始めているサービスを、いくつか紹介していきたい。

犯罪や事故を未然に防ぐスマートシティ

ＮＴＴは２０１８年秋からラスベガス市（米国・ネバダ州）とともにスマートシティ構想を推進している。町の安全を守るための「パブリックセーフティ」というシステムは、町中の防犯カメラのデータを集めて、危険物を持っている人がいないか、群衆が集まっている場所はないかなど、画像から危険度をＡＩにより判定するというものだ。群衆の混雑具合がチェック項目に入っているのは、経験上、人が増えてくると事件が起こる確率が高くなるためである。

現在はまだ開発途中で、警察が人手を使って対処しているが、このシステムが実働すれば、必要なときに必要な人員を投入して警備にあたれるようになる。未然に事件を防ぐことにつながり、町の安全性はより高まることになるだろう。市域全体という広範囲を対象に防犯するセキュリティシステムは他に例がなく、実現すれば、大きな反響があることはまちがいない。

犯罪防止ということでは、「AIガードマン®」[1]というNTT東日本が提供する万引き防止AIサービスがある。すでに量販店の化粧品コーナーなどで実績を上げている。化粧品は小さくて高価なものが多いため、事件件数や被害額が大きい傾向がある。そこにAIカメラを置いて、化粧品を手にしている人の行動から危険性を判断するというサービスだ。

これはカメラの中に判定用のAIのチップを搭載し、AIクラウドから定期的に最新の不審行動パターンファイルを受信・更新することで、カメラ自体で映像分析をして判定するシステムである。不審な人特有の行動を検出して、判定に取り入れているのが特徴なのだが、対象者が不審であるとの判定が出た場合は、周囲の店員に連絡がいき、人員を配置したり、疑いのある人に声がけをしたりして、犯罪の未然の防止に役立てている。従来は、レジを通さずに商品を店外へ持ち出した後でなければ判断ができず、店側の負担が大きかった。このシステムを導入した店舗は、人手だけに頼っていたときに比べて損失額が減少し、コスト面、人的負荷の面、双方で大きなメリットを感じているという。ただ、不審な人特有の行動の特徴は、国や文化によって違いがあることもわかってきている。犯罪や事件を未然に防止するこうしたソリューションは、IOWNを活用する世界を想像する、1つの例になるだろう。

[1] アースアイズ株式会社の登録商標。

ＩＴで半自動化が可能になる一次産業の未来

近年、農業におけるＩＴ化も目覚ましい。すでに、ドローンの映像から作物の生育状況や害虫被害のデータを取得して、収穫時期の予測や農薬散布の計画などに役立てる取り組みが始まっている。こうした取り組みもＩＯＷＮを活用して、さまざまなデータを繰り返し蓄積していけば、品種ごと、あるいは区画ごとの生育の特徴がわかるようになり、農作物の未来予測として活用できる。また、稲の田植えや刈り取りなどにも応用できるとともに、耕作機や刈取機のスマートな自動運転が実現すれば、農作業の重労働から農業従事者を解放することにもつながるだろう。

現在、農業の後継者不足が危惧されるなか、従来のように熟練の農家の方の経験と勘だけに頼ることなく収穫率を上げる方法として、農業ＩＴはますます重要になっていくと考える。畜産、また林業や漁業などのほかの一次産業も同様の課題を抱えている。昨今のめまぐるしい気候変動により、過去の経験値だけに頼ることができない時代を迎えるなかでＩＯＷＮの活用によって、正確な予測判断ができるようになれば、これら一次産業の振興にも大いに役立つことになるだろう。

3 未来社会の実現に向けて

技術開発に伴うリスクも視野に

ＩＯＷＮの未来予測が実現に向かうとき、社会はどのように変わっていくだろうか。２０１２年以降、機械学習やディープラーニングを活用したＡＩが脚光を浴び、普及するにつれ、シンギュラリティ問題が現実味をもって注目されるようになった。イスラエルの歴史学者、ユヴァル・ノア・ハラリは『ホモ・デウス』（河出書房新社、２０１８年）の中で、科学技術を手に入れた人間は、自然界の種の進化の法則を超えて変化を遂げていくといい、それに伴い想像を超える格差社会が訪れる可能性があると警告している。

新しい技術は常に人間の幸福を願って開発されるが、それが実用されたとき、技術には常に悪用の危険や功罪がつきまとう。しかも、その技術の影響力が強大であればあるほど、そのときに社会が受けるダメージも大きくなるのだ。

遺伝子編集やｉＰＳ細胞を使った技術開発は、医療に貢献し、これまで治療できなかった病気を根治したり、従来の医療なら救えなかった人の命を助けたりするために行われている。一方、倫理的には許されない応用が、同じ技術を使って可能になる。これまでに大きな問題は起きていないが、いまだ社会的な合意が形成されているとはいい難く、規制も整備されていない状況で、今後、不測の事態がいつ起きてもおかしくはない。

ＩＯＷＮも同様で、正確で迅速な未来予測が実現したときに、何が起こるかは計り知れない。一部の者が未来予測を自分に都合のよい未来のために悪用したならば、取り返しのつかないことになりかねない。そのような状況を起こさないために、技術の開発と並行して倫理についても議論を重ね、こうした問題への対策を考えておく必要があるだろう。

サイバー空間上のリアリティをどう生きるのか

さらに、ＤＴＣにより、サイバー空間にもう一人の「私」が再現されるとするなら、サイバー空間のリアリティと現実のリアリティが交錯する可能性がある。これについても、どのような状況でどのような問題が起きるのか、あらかじめ想像し対処策を考えておかなければならないだろう。

現在でもすでに、コンピュータゲームの世界に入り込んでしまう子どもたちやＳＮＳによるいじめなどが問題になっている。ゲームの中に自分のアバターがいて、友達のアバターと協力したり、戦ったりするなかで、そこが「生きる場所」になってしまうのだ。実際には学校も行かず、家族と食事をとることもなくなり、引きこもりとなって、現実の生活に支障をきたしている人たちがいる。あるいは、ＳＮＳ上でのいじめが原因で自殺をしてしまう若者もいる。

ゲームやＳＮＳの世界にとどまらず、これらがビジネスとしてサイバー空間でのさまざまな体験サービスとして提供されたとき、サービスを利用する人々はどのような価値観を持ち、現実の世界とサイバーの世界という2つのリアリティを生き分けることになるのだろうか。プラス面だけでなくマイナス面についても十分考察しておくことが大事になってくるだろう。

コンソーシアムでの議論の重要性

これまで開発されてきた技術がそうであったように、ＩＯＷＮが構築する世界は必ずしも正の側面だけを見せてくれるものではないだろう。ＮＴＴはコンソーシアムを立ち上げるなかで、パートナーとともに技術開発を推進するだけでなく、ＩＯＷＮがもたらすであろう社会的に複雑で困難な問題に対処するため、この問題をオープンに議論をする場を設けたいと考えている。

これらは科学技術の域を超えた問題を多く含んでいるため、哲学者や社会学者など人文科学系、社会科学系の識者を交えた議論も必要となる。また、広く社会に問題の重要性を知らしめ、多くの人に関心を持っていただけるような問いかけを発信する広報活動も欠かせない。

世界的なゴリラ研究者である京都大学の山極壽一総長は、著作『「サル化」する人間社会』(集英社インターナショナル、２０１４年)の中で、サル社会とゴリラ社会を比較して、次のように述べている。サルの社会は必ずボスを作り、上下関係を重んじるが、ゴリラはあまり序列のない、平和でイーブンな関係を築いている、と。進化の系統を考えると、人間はサルよりも類人猿であるゴリラに近い。したがって本来ゴリラのような社会を築いてもおかしくないのだが、最近の人間社会はどうであろうか。世界的に格差が広がってきている。山極総長は、人間はサル化しているのではないかと、警鐘を鳴らす。

人間は科学技術が発展すると、それを取り入れて人間自身も大きく変化する存在だ。ハラリは、自然科学的な種の成長だけではなく、自分たちが生んだ科学技術によって人間自身が変わってしまう未来について述べている。技術と社会の問題については、悪用防止の対策を立てるだけでなく、〝サル〟ではない、より〝人間らしい〟社会の創造に向けて、真剣に議論されるべき時を迎えている。ＩＯＷＮ構想は、そのような人間の未来を多くの人と共に考え、創り出そうという呼びかけである。

第4章

IOWNと6つの産業ユースケース

NTT研究企画部門 編

ユースケース❶

MaaS×IOWN

移動の究極的なスマート化を実現

モビリティの未来のために

世界ではいま、ネットワークとつながる自律型制御システムを搭載した自動運転車の普及が急速に進んでいる。一方で、ICTを基盤とする交通の統合的支援システムの整備も大規模に進められている。とくに注目されているのが、「MaaS」（Mobility as a Service：サービスとしてのモビリティ）という概念だ。

MaaSは、未来に向けたモビリティ・イノベーションの1つの目標点とされる。ICTにより、あらゆる交通サービスがシームレスにつながり、1人ひとりの利用者が、その時々のニーズに合わせて最適かつ安全な移動サービスを得られる、という超スマートな交通システムである。日本でも、「未来投資戦略2018」の重点施策の1つとして、利用者ニーズに即した新しいモビリティサービスのモデル都市、地域をつくることが示され、国土交通省が取り組みを始めた[1]。まさにいま、企業や業種の垣根を超え、官民一体となって、MaaSの実現に向けた新たな仕組みづくりが急ピッチで検討されている。

このような取り組みによって発展する未来を想像すれば、個々人が特定の移動手段を意識せずに、日々の通勤・通学といった定型的な移動だけでなく、生活のなかで突発的に発生するあらゆる移動においても、その瞬間に最も適した移動手段をダイナミックに提案され、選択することができる、といった姿が浮かぶ。それにより渋滞や満員電車を避け、エネルギー消費も最適に、個々人が受ける移動でのストレスも最小にできる、そんな世界が実現されるかもしれない。

しかしその実現は決して容易ではない。交通サービスには、刻々と変化する人びとの多様なニーズに即応する機能のみならず、都市や交通網全体の状況をリアルタイムにセンシングし、情報を統合して、全体の調和を安定的に保つ最適化が求められる。すなわち、膨大な情報を高速に収集、リアルタイムに分析して、高度な協調システムと制御システムの安定的な稼働を支える通信システムが不可欠となる。データ容量、信頼性、消費エネルギー量など多くの点で、現状の通信技術の延長では負荷が大きく、IOWNの実現が求められる分野だ。

4つのユースケース

①究極のフェールセーフ

「フェールセーフ」とは、交通において生じる不測の事態から利用者の身を守り、危険な状態を安全な状態へと転換させる技術やサービスを意味する。車輌自体の安全装置をより高度化させるなど、すでにさまざまな方法が試みられているが、私たちは、IOWNによる通信ネットワークを最大限に活用したフェールセーフの次世代サービスを思い描いている。

たとえば、「公共協調運転」の実現である。これは、オールフォトニクスが可能とする高速光ネットワークと統合的なICTリソースアロケーション、高速低遅延な情報処理によって、車輌間の関係性や地域全体の交通状況を把握し、公共の福祉と安

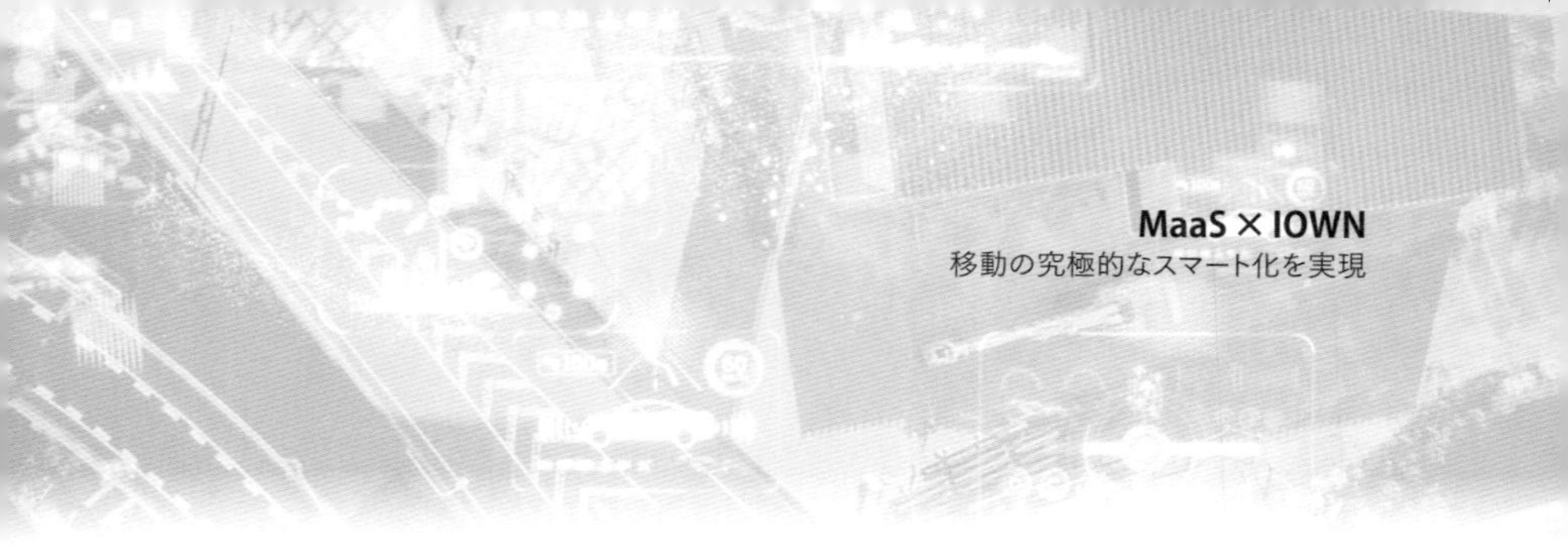

全に適した判断を勘案して、運転者個人の安全とともに全体の安全を最大限に確保しようとするサービスである。

このサービスは激甚災害時にも力を発揮するだろう。たとえば、地震などなんらかの災害が起こったとき、各々の運転手が任意に車を走らせると深刻な渋滞が発生し、交通網全体が麻痺してしまう。ＩＯＷＮが実現するＭａａＳでは、全域の現状をセンシングして、渋滞を避けるためのシミュレーションを行い、個々の車輌を的確な判断でナビゲーションする。ユーザの多様性に寛容でありながら全体最適を提供するというコンセプトのもと、サービス自体が全体を俯瞰する目と価値判断の力を持ち、人びとに最適な行動を促すのだ。

②最適な移動ルートを提案

２０１９年現在、すでに国内外のさまざまな企業が「空飛ぶ車」の開発に着手している。経済産業省の「空の移動革命に向けたロードマップ」[2]には、「２０２０年代半ばに事業スタート、30年代には実用化の拡大」と謳われ、近い将来、人びとの日常的な交通手段は、地表面の二次元ルートから空という三次元空間へと広がることになるだろう。やがて来るそのとき、ＩＯＷＮはその高速性と低遅延性で三次元空間のナビゲートを高い信頼性でアシストし、交通の安全を確保し、最適なルートを提供するためのサービス基盤の実験に寄与するだろう。

また、移動に関連したストレスを軽減するサービスも想定される。現代人は、日々のかけがえのない時間をより良く過ごそうと、情報空間と絶え間なく向き合っている。

たとえば、午前中の病院の空き時間や、昼食のレストランの混み具合とメニュー、打ち合わせに最適なカフェと駅からの最短ルートなど、常に情報の海をサーチして判断することを迫られている。溢れかえる情報に多くの時間を奪われ、消耗し、心理的な負担を抱えているのではないだろうか。ＩＯＷＮが可能にするＭａａＳは、革新的な情報収集量と分析能力により、サービス自体が利用者のニーズを把握して、最適な状況判断と情報選択を促すものだ。人びとは無駄な情報の判断から解放されて、よりナチュラルに価値ある時を過ごし、充実感を手に入れていくに違いない。

③心に作用するナビゲーション

ＭａａＳは移動手段の効率化を可能にするが、そもそも人が場所を移動することで得られる幸福感は、最適化によってだけもたらされるものではない。車や電車に乗って移動する際には、たとえ目的地までの距離が短くても、移り変わる景色を五感で楽しむ喜びや予期せぬ出会い、心動かされる瞬間があるものだ。移動がもたらすそうした醍醐味を考慮すると、最適化のあり方も変わってくる。寄り道をしたり、目的地のないルートを行くのも良いだろう。

「この近くに、心静かに過ごせる景色のいい場所がありますよ」「あなたが好きなブランドのセールが今日から始まっています。あのワンピースが半額ですよ」。たとえばそんな、利用者の心の状態を気づかい、ナチュラルに語りかけてくれるサービスがあるとしたらどうだろうか。移動はより人の心を動かすものになるだろう。ＩＯＷＮがもたらすＭａａＳは、１人ひとりの心身のコンディションを生体情報や行動履歴を

もとに探り、新たな価値と発見をサポートしてくれる存在になるのかもしれない。

④未来視点のアドバイス

高齢化が進むなか、日常生活を介護なしで自立して送ることができる「健康寿命」が注目されている。また、４人に１人がメタボリックシンドロームかその予備軍といわれる状況もあり[3]、日々の移動手段のあり方は、健康を考えるうえでも重要になっている。バスに乗るべきか、歩くべきかを決めるとき、もしも目の前に現在の健康状態から推測される未来の自分の姿があれば、心の葛藤は減るかもしれない。

生体情報や生活習慣情報を利用者の負荷なくセンシングして蓄積する技術は、この十数年で飛躍的に高まっている。それらの先端技術と連動し、ＭａａＳは個人の日常生活に寄り添い、移動に関するアドバイスを未来視点で与えてくれるだろう。１人ひとりの健康をナチュラルに守っていく。それもＩＯＷＮの目標である。

[1]「未来投資戦略２０１８——「Society5.0」「データ駆動型社会」への変革」 http://www.kantei.go.jp/jp/singi/keizaisaisei/pdf/miraitousi2018_zentai.pdf

[2]「空の移動革命に向けた官民協議会」第４回、２０１８年12月20日 https://www.meti.go.jp/shingikai/mono_info_service/air_mobility/004.html

[3] 平成27年度厚生労働省「特定健康診査・特定保健指導に関するデータ」 https://www.mhlw.go.jp/bunya/shakaihosho/iryouseido01/info02a-2.html

ユースケース❷

医療×IOWN

医療情報を個人と社会に役立てる

患者と医師の双方に、より優しい医療

ＩＣＴの進化とともに、この数十年で医療のあり方が大きく変化している。医療現場では、カルテや検査データなど診療情報の電子化が進み、ＣＴやＭＲＩなど、高度な情報処理にもとづく医療イメージング技術が医師の判断を支えるようになった。また、過去の膨大な疾病情報や学術論文のデータベース、さらには医用画像からＡＩが解析した診断支援情報を、医師が参照する取り組みも始まっている。

一方で、医療を受ける側も、自らの身体に関する情報革命が進んでいる。たとえば、ゲノム解析の技術とサービスが進み、希望すれば誰でも遺伝子診断を受けることが可能になり、病気発症のリスクや薬の効き具合などが診断できるようになった。さらに、生体情報をモニタリングするウェアラブル・デバイスが軽量・小型化したことで、活動量や心拍数、血圧、体温など、日々の生体情報を常時取得することも可能になりつつある。個人が自分で病気のリスクや予兆と向き合い、現在、そして未来の健康に意識を向けるようになったのだ。人びとのそうした活動は、今後、医療研究やシステムと連動し、病気になる前の未病対策や、個人に最適な創薬の開発など、さまざまなかたちで展開されていくだろう。

一方で、診断情報や生体情報は究極のプライベート情報である。これを利活用するための整備も進んでいるが、医療情報を取り巻くシステムはいまだ過渡期にあり、情報の取り扱いに不安を抱く人も多い。今後、どのような技術で個人情報を守り、個人と社会の健康に役立てていくのか。その未来にとって、ＩＯＷＮの技術は必須となる

だろう。

4つのユースケース

①安全で「ナチュラル」な遠隔医療

外科手術支援ロボット「ダヴィンチ」をご存知の方も多いだろう。1980年代後半に戦場で負傷者に対して遠隔手術を行う目的で米国で開発されたシステムだが、2000年に一般人向けの腹腔鏡下手術システムとして米国食品医薬品局（FDA）で認可され、世界ではすでに4500台以上、日本の医療機関にも300台以上が納入され、普及が進んでいる。具体的には、身体に1～2センチほどの穴を数か所あけ、そこから挿入したロボットアームで患部の3D撮影や、組織の摘出、縫合などを行うもので、遠隔にいる医師が、伝送される映像を見ながら手元のレバーコントローラで施術する。傷口が小さく低侵襲で、痛みや出血、感染症の軽減などの利点があることから、国内でも保険適用範囲が広がりつつある。

地方を中心に人口減少と高齢化が進む日本では、今後、こうした遠隔医療へのニーズが高まると予想され、制度の改正も進んでいる[1]。だが、現状の通信技術による遠隔診断や遠隔手術では、医師の診断や治療に欠かせない3D高精細映像の再現性や触感フィードバック、通信の安定性におのずと限界が訪れる。カメラが捉えた映像を電気信号に置き換えてデータ圧縮し、データを小分けにしたIPパケット通信で伝送したのち、再び結合して復号化、医師側のモニタに表示する――このような現状の通信技術では不可欠な伝送プロセスが、データの劣化と遅延を生じさせるのだ。もしもこのプロセスにフォトニクス技術による大容量化や低遅延化を適用できれば、データの劣化なく高品質な通信が可能になるだろう。

IOWNの演算能力と通信能力は、現在開発が進む超高精細小型3Dカメラや超繊細なハプティクス（皮膚感覚フィードバック技術）、先端的ロボティクスの能力を最大限に引き出し、患者と医師双方にとって、よりナチュラルで、優しい施術を実現していくだろう。

②手術を支援する事前学習・ナビシステム

手術現場の緊迫下では、コミュニケーション不足や確認ミスなどの小さなミスが重大なインシデントにつながる可能性がある。手術を適切に成功に導くために、よりリアルな術前シミュレーションや術中ナビゲーションが期待されている。そして現在、医用画像のビッグデータ共有化とAIによる解析技術、さらには3次元出力技術、VR技術などさまざまな先進技術の高度化がその進化を加速させている。

たとえば、術中ナビゲーションにおいては、術前または術中に得た画像を3次元構築し、シミュレーションデータを重ねた画像と実際の術中エコー画像などを並べて表示し、リアルタイムに同期させて手術を補助したり、あるいは、術前に得た画像等から3次元出力した実物大臓器立体モデルを使い手術を補助したりする取り組みが始まっている。

それら実際の手術現場での活用履歴は、手術経過の事例とともに、逐次、ビッグデータとして蓄積されて医学的知見を更新させ、次なる手術に向けた事前カンファレンスや事前学習、未来の医師の教育現場などで活用されていく。IOWNの確かな通信・演算基盤は、こうした支援システムのインフラとしても期待される。

③セキュアで安心な医療情報システム

患者の既往歴やDNA情報が記された医療情報は、最もセンシティブなパーソナルデータであり、情報漏洩は絶対に許されない。また、遠隔医療の現場で、万が一、回線トラブルが生じれば、直接患者の身体へのダメージにつながる可能性もある。医療に関する情報には、最上位のセキュアで低遅延な通信環境と情報管理システムが求められる。医療情報の通信に関して、厚生労働省はVPN（専用閉鎖域網）による通信を推奨しているが、運用の仕方次第では必ずしも安全とは言い切れない。

IOWNでは、フォトニクスの特徴を活かすことで、医療情報の送受信にのみ固有の波長を割り当てることが可能となる。その専用回線は、たとえば遠隔医療の手術ロボット操作をより不安なく行うための環境をもたらすはずだ。新たな信頼の基盤に立って、医療情報の収集・蓄積・分析・利活用のみならず、遠隔診断や遠隔施術などのリアルタイムな遠隔医療をよりスムーズに実現させていくだろう。

④医療情報から健康な未来へ

いま、医療情報の取り扱いに関する環境整備が急速に進んでいる。[2] 健診データや診断画像、ゲノム解析治験データなどを集積・解析し共有していくことは、医学を進展させ、やがては社会全体の医療の進歩や病気の予防、さらには医療費の削減にも役立てられていくだろう。一方で、これらの医療データは、オーダーメイド医療や分子標的薬の創薬などに活用されることで、副作用などが少なく治療効果の高い最適な医療を個々人にもたらしてくれるはずだ。

ＩＯＷＮは、そのためのセキュアな医療基盤に貢献するだけでなく、ＩＯＷＮの基盤の１つであるデジタルツインコンピューティングは未来予測に役立てられる。その人の生活習慣や食習慣、嗜好などのデータ、ゲノム情報などから近未来の健康状態を予測したり、未病のうちから将来かかりうる病気のリスクを予測したりするなど、パーソナル予防に貢献していく。

[1] 厚生労働省「オンライン診療の適切な実施に関する指針」平成30年3月 https://www.mhlw.go.jp/05-Shingikai-10801000-Iseikyoku-Soumuka/0000201789.pdf

[2] たとえば、２０１８年5月に施行された「次世代医療基盤法」では、「医療分野の研究開発に資するための匿名加工医療情報の扱い」が、「個人情報の保護に関する法律（改正個人情報保護法）」の特例と定められた。https://www8.cao.go.jp/iryou/gaiyou/pdf/seidonogaiyou.pdf

ユースケース❸

金融×IOWN

光伝送と暗号化で安心・安全な金融社会

キャッシュレス・エコノミー普及前夜

経済の〝血液〟ともいえる金融は、人間の経済活動・社会活動の基盤であり、〝お金〟は、「安心・安全」「信頼」をベースに流通するものである。お金（貨幣）は、中央銀行が発行するものであり、その流通には政府からの許認可を受けた金融機関が介在し、購買には物理的な紙幣・硬貨が使われる、というのが、長らく私たちが親しんできた世界だった。21世紀に入り、そこに大きな変化が起きている。キーワードは「フィンテック」である。

「フィンテック」は、文字どおり訳せば金融に関するテクノロジーであり、幅広い概念だ。「仮想通貨」「投資、資産運用のロボアドバイザー」「スマートペイメント」（キャッシュレス決済、モバイル決済）などのほか、「送金」や「保険」などの意味も含まれる。インターネットや電子商取引の浸透、仮想通貨の基盤技術であるブロックチェーンなどの新たな仕組みの登場、そしてスマートフォンの普及が、フィンテックの広がりを後押ししている。

フィンテックの1つともされる「キャッシュレス決済」に関しては、日本政府も強力に推進している。実際、政府は、2015年に18・4%だったキャッシュレス決済の比率を、2025年には40%まで引き上げるという目標を掲げている[1]。クレジットカードの使用頻度が高く小切手払いの伝統もあるアメリカや、近年急速にキャッシュレス化が進む韓国や中国などと比べて、現金信仰の強い日本においても、消費税増税にともなうポイント還元などの後押しもあり、ここに来てようやく、キャッシュレス化に向けて大きく動き出した。

一方、利用する個人の側からすれば、キャッシュレス決済（モバイル決済）などにおいて、お金が電子的にやり取りされる際に、「途中で盗まれてしまうことはないのか」と不安になる。実際に、クラッキング（コンピュータネットワークにつながれたシステムへの不正侵入）やなりすましによる不正利用、仮想通貨の盗難、ICO（新規仮想通貨公開）詐欺など、電子取引に対し金銭をだまし取る被害は後を絶たない。発展途上にある、現状の多くのシステムでは、「安心・安全」「信頼」が十分に担保されているとはいい難いのだ。

そこで、来るべき真に安心・安全な金融社会には、IOWNが実現する、セキュアな光伝送技術と暗号化技術が不可欠となる。

3つのユースケース

①暗号化によるセキュアな取引と資産流通

IOWNの実現するスマートな世界では、オールフォトニクス・ネットワーク、究極的にはエンドツーエンドの光伝送を目指している。

光伝送は、高速かつ低遅延でセキュア（安全）という特徴を持つ。エンドツーエンドでの光伝送により、サービスごとに波長を割り当てて伝送すれば、電子的な情報処理の割合を極小化でき、伝送途中でのクラッキングのリスクは大きく低減する。

また、そこで使用される暗号化技術としては、たとえば、耐量子計算機暗号がある。耐量子計算機暗号とは、従来の情報通信システムの安全性を支えている暗号化アルゴリズムが、量子コンピュータによって一瞬で解読されてしまう恐れがあることを踏まえたもので、そうした量子コンピュータにも耐えうる暗号を指す。

量子コンピュータが実用化された際に、金融取引は、最初に攻撃のターゲットになる恐れがある。それにも耐えられる耐量子計算機暗号について、現在、NTTでは、研究開発を推進している。

②価値観にもとづく自動資産運用

現在、「ロボアドバイザー」などと呼ばれるAIを使った投資支援サービスや、ネット証券会社のAI利用（たとえば、最適な資産配分の提案や投資運用の自動化、ユーザのトレーディング技術向上をAIが支援するものなど）が普及しつつある。ロボアドバイザーにおける代表的な変数は、投資におけるリスク許容度などであるが、私たちが構想するのは、その人ならではの「価値観」を反映して判断を行う自動資産運用支援システムである。その人にとっての望ましい人生設計に沿った資産運用を、その人の価値観や考え方、行動様式を取り入れた状態で、意識しなくても実現していく。個人の価値観にもとづいた資産運用をタイムリーに提案し、行動変容を促すことで、望ましいライフプランを形成していく。そのような自動資産運用支援システムも、IOWNがかたちづくるスマートな世界における1つのアプリケーションとなるだろう。

③レジや改札なしの決済

Amazon.comがアメリカで展開するレジなし店舗Amazon Goは、近未来の小売業の姿として話題となった。2021年までに3000店舗にまで拡大するとの報道もある。同様に、中国でも、すでに多くのレジなし店舗が運営されている。日本でも、2019年9月にNTTデータが、レジ支払いをせずに、決済手段を指定したQRコードで認証入店することで、手にとった商品をそのまま持ち帰ることのできるレジなしデジタル店舗出店サービスの提供を小売業界向けに開始した[2]。

レジや改札のようなゲートを通らずとも、モノやサービスのやり取りと同時に瞬時自動決済ができれば、利用者にとってはレジ待ちなどの時間を節約できる。店舗側にとっては、人件費の削減、商品管理の自動化など省力化を図れるとともに、商品の万引きといった、小売業につきものの深刻なトラブルも解消できるだろう。

私たちは、認証技術に加えて、個人情報の適切な取り扱いと活用、ナチュラルなインターフェースの連携により、リアルタイムに自然な決済が行われるようになれば、レジや改札やゲートのない世界を実現できると考えている。

[1] 経済産業省「キャッシュレス・ビジョン」2018年4月 https://www.meti.go.jp/press/2018/04/20180411001/20180411001-1.pdf
[2] NTTデータ「ニュースリリース」2019年9月2日 https://www.nttdata.com/jp/ja/news/release/2019/090200/

ユースケース❹

体験・学び×IOWN

人生を拡張する光のコミュニケーション

通信がもたらす未知の感動体験

この十数年で人びとの生活にはＩＣＴが深く入り込み、私たちの知覚体験や感動体験、あるいは身体活動の体験は、以前とは異なるものへとシフトしてきた。現代人にとって、もはやリアルとバーチャルの境界線は薄れつつある。

たとえば、レシピ動画アプリを見ながら新たなメニューに初挑戦し、出来栄えをＳＮＳに投稿したり、口コミで人気だったボランティア塾の講師に、ネットを介して数学の解き方を教えてもらったり。ＩＣＴがつなぐ時空を超えたコミュニケーションは、一人ひとりの心に芽ばえる好奇心や動機に即座に呼応して、新たな体験へと人びとを誘う。

２０１６年はＶＲ（仮想現実）元年ともいわれたが、世界ではさまざまな企業が一般ユーザー向けのＶＲ関連ビジネスに乗り出している。全周囲の空間映像を眺めることのできるヘッドマウントディスプレイや、サラウンド音響といったＶＲの技術は臨場感と没入感を高め、感動を増強してくれる。ｅスポーツなどのゲーム分野をはじめ、Google Earth VRのような擬似体験ツアーや、建築・デザインの模擬体験、学習・技能の指導、高臨場のライブ中継、マルチモーダルな映画鑑賞など、多くの分野で新たな取り組みが始まっている。

また、リアル空間とサイバー空間の情報をオーバーラップさせて提示するＡＲ（拡張現実）技術や、さらにその要素を仮想空間で統合するミクストリアリティ（複合現実）の研究も進んでいる。

ＮＴＴでは、長きにわたり、ＶＲの体験をより深化させ、かつ快適にするための技術研究や、遠隔地のライブイベントを超高臨場感で体験するためのイマーシブテレプレゼンス技術の研究を行ってきた。ＩＯＷＮの登場は、今後、こうした技術をさらに進化させ、まだ見ぬ感動体験を実現していくだろう。

３つのユースケース

①究極の臨場感が五感＋アルファの体験を呼ぶ

ＮＴＴでは、２０１５年から競技場やライブ空間の体験を丸ごとリアルタイムに配信するイマーシブテレプレゼンス技術「Kirari!」の研究開発を行ってきた。そのなかで、被写体、背景映像、音響などの多様なメディアデータを高効率に圧縮し、かつ、精緻な同期・復元・合成を行う技術を発展させてきた。今後、さまざまなスポーツイベントなどで多くの人が体験するであろう高臨場感は、まさにレガシーといえるものになるだろう。

ＩＯＷＮの通信環境と演算環境は、これらの技術をさらに進化させ、未知の領域をも切り開く。そもそも、人の体験や感動は、環境と身体、さらに内面世界の相互作用によってもたらされるものだろう。そのとき身体に作用する環境要素は、視覚や聴覚が捉える風景や音のみならず、気温、湿度、気圧、静電圧、ＵＶ強度、酸素／二酸化炭素濃度、重力、磁場、風、音圧など、じつに多岐にわたる。人の繊細な感覚器および感覚系は、そのなかのある部分を無意識下で捉え、またある部分を意識して捉えることで全体としての体験をかたちづくる。

ＩＯＷＮの光技術は、そうした人と環境の相互作用をできうる限りあるがままに伝送することを目指している。従来のデジタル技術では削ぎ落とされていた様相変化を捉え、それらを適切かつマルチモーダルに伝えることで、体験者は全身でそれをナチュラルに受容する。遠隔地で演者が感じるアナログの空気感をそのまま感じる全身体験は、かつて人類が経験したことのない臨場感をもたらすだろう。

②デジタルツインコンピューティングによる究極のトレーニング

人は他者の体験をどこまで本当に追体験できるのだろうか。私たちはＩＯＷＮの力を借りて、その可能性を追求し続けていく。ＮＴＴでは現在、試合時や練習時などの映像や身体の動き、生体情報などを解析してアスリートのパフォーマンスの向上に役立てる研究を手がけている。そうした成果をもとに、今後はＩＯＷＮにより、サイバーとフィジカルが融合した画期的なトレーニングシステムを創出できるだろう。

たとえば、デジタルツインコンピューティングの技術を用いて、自分と似たタイプの優れたアスリートのパフォーマンスをサイバー空間上に再現し、ロボティクス技術などを用いて動きのコツを伝えるといったことも可能になるかもしれない。

もっとも、これを実戦で真に役立つものにするためには、単なるフォームや視覚・聴覚の追体験だけでは不十分であることはいうまでもない。そのためには、人間自身をより深く知る必要がある。この数十年大きく進展した脳科学や認知心理学などの成果を組み入れながら、生体情報や練習の履歴など、多種多様な情報を解析することで、人間の本質により近づきたいと考えている。IOWNによる新たな体験の研究は、「人間とは何か」という探究がもたらす科学的理解にもとづくものでありたい。

③体験の拡張がコミュニケーションのあり方を変える

これからのVR技術は視覚と聴覚だけでなく、味覚や嗅覚、身体の傾きを感知する前庭感覚、皮膚感覚・深部感覚・内臓感覚からなる体性感覚など、よりマルチ（多角的）な感覚情報をスキャニングし、統合的に情報をリアルタイムに送受信することを可能にするだろう。さらには、ヒューマン・マシン・インターフェイス（HMI）の進化により、他者のさまざまな感覚をリアルに疑似体験できるようになるかもしれない。その体験は互いの理解を促進し、新たなコミュニケーションやコラボレーションを生み、さらに新たな体験の創出へとつながっていくだろう。

近年、難病で外出が困難な患者さんが、分身ロボットで親戚の結婚式に出席したり、念願の登山を達成したりするニュースが報じられるようになった。IOWNは、今後さらに、フィジカルな感覚をより自由に解き放ち、私たちの体験を増幅させていく。それはまさに、人生そのものを拡張する技術といえるのではないだろうか。

ユースケース5

公共×IOWN

災害や犯罪から社会を守る

未来予測技術とスマートシティ

自然災害や事故、そして犯罪から身を守り、安心して暮らすことができる安全な社会をつくることは、世界共通の願いだ。災害も犯罪も、正確な予測が可能になれば、被害を最小限に抑えることができる。私たちは高精細なセンシングや、ビッグデータの活用、そしてネットワーク技術の高度化をＩＯＷＮによって実現し、この難問に挑戦する。

とりわけ自然災害が頻発している現在、災害の可能な限りの正確な予測と、それを速やかに住民に知らせるための自治体内での情報ネットワークの確立が喫緊の課題となっている。国が推進している「未来投資戦略２０１８」においても、スマートシティの構築は重要分野のフラッグシップ・プロジェクトの1つに掲げられている。

このようなネットワークが実現すれば、情報を一律に流すだけではなく、個々人に合わせた細やかなサポートも可能になる。実際に被害が起きてしまった場合でも、その場に合わせた的確な誘導により、被害の拡大を防ぐことができるだろう。

また、ネットワーク化は行政の業務のあり方も大きく変えていく。個々の住民情報は適宜、行政と共有され、これまで市役所の窓口で行っていたような煩雑な申請作業も必要なくなるだろう。

3つのユースケース

①光技術で災害を予測し、防災・減災に役立てる

地震や火山・豪雨災害の発生を、そのメカニズムから理論的に予測することは難しいが、現在の状況を細かく観測し、過去のデータと比較することによってシミュレーションを行い、今後、いつ、どこで、どのような災害が発生するかを確率的に予測することは、現実的なアプローチだ。

確率の高い予測をするためには高精度なデータが必要だが、光技術を使った観測方法が、現在、大きく注目されている。

光格子時計[1]は300億年に1秒しかずれない極めて正確な時計で、地球の重力による時間のわずかなずれまでも計測できる。これにより、標高差をセンチメートル単位の誤差で観測する相対論的測地が実現できる。[2]また光ファイバセンサは数ミクロン程度のひずみを感知することが可能だ。これらにより、わずかな火山の動きや地滑りの兆候をつかむことができる。

各観測データをネットワークで結べば、広範囲に現象を捉えることができ、さらなる予測精度の向上が可能だ。光格子時計を各地に設置することによって、光格子時計のネットワークの構築が提案されているが、これが実現すれば、火山活動やプレート運動などの、数時間から数年という時間スケールで起こる地殻変動（標高変化）を精密に監視することができる。またGNSS（全球測位衛星システム）と補完的に利用できる超高精度な標高差計測システムの確立なども期待される。これらのシステムの実現に向けて、IOWNの特徴である、大容量、低遅延の伝送技術、大規模な演算処理能力などが大きく貢献することになる。

②事件や事故を未然に防ぐスマートシティ

2017年にラスベガス市（米国・ネバダ州）で起きた銃乱射による大量殺人事件は、世界を震撼させた。ラスベガス市の防犯意識は高く、現在NTTと共同で推進しているスマートシティ構想では、防犯も大きなテーマである。

このプロジェクトでは、事件や事故を未然に防ぐため、多くのカメラで市全体をモニタリングしている。異音がする、不審者がいる、人々が集まりつつある、逆走車両がある、などの情報はリアルタイムで統合され、今後、起こるかもしれない状況を具体的な確率で予測する。それにもとづいて、市や警察などの公的機関が必要と判断すれば、警官や消防車を派遣して未然に事件や事故を防ぐ対策をとる。実際に事件や事故が起きてしまった場合でも、人々に向けてのアナウンスや、警官や消防車の配置について、リアルタイムでサポートをする仕組みだ。

さまざまな種類のビッグデータを扱うため、迅速で効率的なICTリソースの配分を行う必要があり、コグニティブ・ファウンデーションを組み込んだシステムになっている。

もちろん、防犯の重要性を考慮したうえで、個人情報の取り扱いについての議論が必要である。ラスベガス市では、市が責任を持ってデータを管理する体制をとってい

る。サービス事業者がデータを預かることなく、自治体がデータを適切に管理する形態を私たちは提案している。

③情報がシームレスにつながることで窓口レスへ

近年、地方公共団体では、将来的な労働力不足を見据え、業務をＡＩ・ロボティクスで自動化するスマート行政への転換の機運が高まっている。窓口業務の効率化も検討され、ＩＶＲシステムを使った電話自動応答や、チャットやＳＮＳ対応の導入、ＡＩによるチャットボットなどの導入が始まっている。

出産や進学、医療機関での受診など、個人に起こったイベントはすべて行政システムに認識されれば、そもそも届け出をする必要がなくなる（窓口レスになる）と考えられる。

もっとも、このような利便性は危険性と表裏一体だ。このようなシステムは住民情報、金融情報、行政システムの連携により成り立つもので、個人情報の管理には十分な対策が必要になる。業界をまたいだセキュアなデータ流通を実現する情報処理基盤が必要となるだろう。

公共×IOWN
災害や犯罪から社会を守る

［1］２００１年、香取秀俊・東京大学大学院工学系研究科准教授（当時）が考案した次世代の原子時計。まず、「魔法波長」と呼ばれる特別な波長のレーザ光を干渉させてつくった周期的なエネルギーの波（光格子）でレーザ冷却された原子を捕獲し、原子同士の相互作用が起きないようにする。次に、これらの原子にレーザ光を当て、吸収する光の振動数（共鳴周波数）を精密に測定し、この周波数から1秒の長さを決める。光格子全体には多数の原子を捕獲できるので、それらの原子の共鳴周波数を一度に測定して平均をとることで、短時間でより高精度に時間を決めることができる。

［2］アインシュタインの一般相対性理論によれば、異なる高さに置かれた2台の時計を比較すると、低い方の時計は地球重力の影響を大きく受け、ゆっくりと時を刻む。光格子時計を異なる2地点に置き、時計の進み方の違いを測定すれば、標高差を求めることができる。

ユースケース⑥

エネルギー×IOWN

光給電や創エネ・蓄エネ技術でエネルギー問題を解く

エネルギーシステムを革新する

人類の文明の発展は、いつの時代もエネルギーの獲得という課題とともにあったが、とくに衣食住やライフライン、生産・サービス活動など多くを電力に依存している現代社会にとって、エネルギー問題はより深刻だ。世界人口の増加や途上国の急速な経済発展を背景に、世界のエネルギー消費量は増加の一途を辿り、2030年には1990年の約2倍になると試算されている。地球温暖化の原因とされる温室効果ガスの削減も差しせまった課題であり、それらの多くはエネルギー消費にともなう化石燃料（石油や石炭、天然ガスなど）の燃焼に由来する。

2015年、国連気候変動枠組条約締約国会議（通称COP）で合意された「パリ協定」では、世界の平均気温の上昇を産業革命以前に比べて2℃より十分低く保ち、1・5℃未満に抑える努力をするとともに、温室効果ガス排出量のピークを早急に脱し、21世紀後半には温室効果ガス排出量と吸収量のバランスをとることが目標とされた。そして、途上国を含むすべての参加国と地域に2020年以降の「温室効果ガス削減・抑制目標」を定めることが求められ、かつ長期的な「低排出発展戦略」作成と提出の努力をすることが規定された。これを受けて日本は、2030年までに2013年度比26％の温室効果ガス削減を中期目標に掲げ、2018年発表の「第5次エネルギー基本計画」では、2050年の温室効果ガス排出量を80％削減するとしている。

この大きな目標を実現するためには、化石燃料に依存したエネルギー消費からの大規模な転換が不可欠であり、エネルギーミックスに向けた発電、蓄電、送配電などのあらゆる技術とシステムのイノベーションが求められる。IOWNの技術はこの難問を解決し、革新を促すための1つの大きなカギとなる。

2つのユースケース

①エネルギーの創・省・蓄を支える流通の最適化

現在、日本の電源構成は、石油や石炭などの化石燃料が80%以上を占めている。太陽光、風力、バイオマスなどの再生可能な自然エネルギーは、2012年に売電制度（FIT。固定価格買取制度）[1]が導入され急速に拡大しているが、まだ全体の16%（2017年時点、水力含む）程度だ。2030年エネルギーミックスでは、その比率を22〜24%に伸ばし、さらに2050年に向けて利用を拡大しようとしている。だが、課題も多い。

自然エネルギーを安定的な電源にするための発電・送電用の電力系統は、まだ必要な場所に足りておらず、既存の送電系統との共有も難しい。また、季節や天候に左右されやすい自然エネルギーを、蓄電したり出力制御したりするための新技術開発や、地産地消の仕組みづくりも進めていかなければならない。それらの環境整備には、莫大なコストもかかる。

NTTは、その難しい問題にフォトニクスの技術革新で挑もうとしている。たとえば、光ファイバを送電線として利用するビジョンがその1つだ。しかし、現在の光ファイバは通信を目的として開発されたものなので、電力の送電に見合うパワーの入出力には耐えられない。そうしたなかNTTは、現在、他の企業や大学とともに、光の通り道であるファイバのコア内部の構造を改良したマルチコア光ファイバの研究開発を進めている。また、新たな材質を検討するなどして、エネルギー伝送に耐えうる光ファイバも研究中だ。世界中で研究開発が進む無線給電に加え、光ファイバによる光給電が容易に利用可能になれば、あらゆる場所に設置されたセンサやロボットに柔軟にエネルギーを供給できるようになり、光ファイバ網をさらに有効活用でき、電力の流通の最適化に資することになるだろう。

情報処理基盤の演算能力が向上することにより、蓄電やオンデマンドの出力制御をきめ細かく行えるようになれば、エネルギー流通をより最適に導くことができる。創エネ源の多様化とエネルギー流通の最適化を支えることにより、人とエネルギーのよりスマートな関係をつくりだしていく。

②究極のクリーンエネルギー「人工光合成」

地球上のエネルギーの多くは、太陽のエネルギーに起源を持つ。太陽エネルギーは、大気や水の循環を生み、また植物の光合成に使われて生命の活動源となる。化石燃料も、もとを辿れば太古の動植物が、太陽のエネルギーを受けて生成した炭素化合物が数億年かけて蓄積したものだ。

太陽光の有効活用は、エネルギー問題を解決してくれる可能性がある。その1つの

エネルギー × IOWN
光給電や創エネ・蓄エネ技術でエネルギー問題を解く

方法が太陽光発電だが、日照量に左右されるため発電量が安定せず、メンテナンスにコストがかかるといったデメリットもある。では、他にどんな方法があるのか。

その1つとして世界の先端研究では、いま、「人工光合成」に注目が集まっている。植物の光合成を人工的に再現できれば、水と太陽光と大気中の二酸化炭素からクリーンなエネルギーを創出でき、環境問題の原因となっている二酸化炭素の削減も可能になる。またその合成過程では、新たなエネルギー源としての活用が見込まれる水素やメタンなどを生成することができる。

NTTでも現在、これまでの光通信や電池の研究開発で培ってきた半導体成長技術と触媒技術を活用して、人工光合成技術の研究開発を進めている。これは植物の光合成と同様に、太陽の光を受けることで、水と二酸化炭素から水素やメタンなどの燃料を生成する。

人工光合成は、二酸化炭素→炭素化合物→エネルギー→二酸化炭素……と炭素が巡る「炭素循環社会」を実現させる技術である。地球に降り注ぐ太陽光が促進するこの炭素循環社会が実現すれば、地球は本来の自然な姿に限りなく近くなる。IOWNの世界では、この人工光合成を促進し、かつてないクリーンなエネルギー社会を実現していくだろう。

[1] 再生可能エネルギーでつくった電気を固定価格で一定期間買い取る制度。

第2部

IOWNのテクノロジー

第5章

11のテクノロジーとNTTの20のケーススタディ

NTT研究企画部門 編

01

Artificial Intelligence

人工知能

「寛容さ」と「誠実さ」を備えたＡＩへ

多くの産業分野での活用が期待されているＡＩは、世界中で活発に研究が進められており、２０１８年から２０２５年までの間に年率51％という高い成長率で市場が拡大していくとの予想もある。[1] 各国での研究を通じて、その技術が実用レベルに到達しつつあり、今後はＡＩの開発が向かう方向や新たな活用方法について、活発な議論が加速していくだろう。

ＡＩ研究においては、近年は米国や中国を中心に数多くの研究論文が発表されており、「学習データの軽量化」「ホワイトボックス化」「専用アーキテクチャによる高速化」といったトピックをトレンドとして、現在、世界各国の研究機関がしのぎを削っている。

[1] Allied Market Research, Global Artificial Intelligence (AI) Market, 2018-2025

3つのトピック

昨今の機械学習やディープラーニングを活用したＡＩの開発においては、一般に、学習データを大量に用意する必要がある。たとえば医療や金融といったＡＩの適用領域が増加し細分化されていくと、適用領域ごとにデータを収集、蓄積、解析する必要があり、そのコストは爆発的に増加してしまう。こうした状況に対応すべく現在注目されているのが「学習データの軽量化」だ。大量のデータを用いることなく、できるだけ少ないデータから効率的な学習ができるようになれば、データ収集などにかかる費用は大幅に低下するだろう。

少ないデータから効率的な学習を行う工夫の1つとして、ある対象で学習させたモデルを別の対象に適応させる「転移学習」が注目されている。たとえば、ディープラーニングを用いてマンモグラム画像から乳がんを判定する際、一般画像であるImageNetであらかじめ学習済みのニューラルネットワークを用いた転移学習を適用することで、マンモグラム画像の数が限られていても、精度を向上させることができる[2]。

また一般にディープラーニングでは、非常に多くの層から構成されるニューラルネットワークの重みづけ係数を、膨大なデータから機械的に学習し、結果を導き出す。その処理過程を人間が理解することは困難である、すなわちＡＩの処理が「ブラックボックス」化することが問題視されている。ＡＩの内部でどのような処理が行われているのかを理解できな

[2] たとえば『*Physics in Medicine and Biology*』Vol.62で発表された論文（Samala R. K. et al., "Multi-task transfer learning deep convolutional neural network: application to computer-aided diagnosis of breast cancer on mammograms"）など。

ければ、結果を信用することは難しい。そこでいま、出力される結果に至った理由がわかる「ＡＩのホワイトボックス化」が求められている。たとえば、アメリカ国防総省国防高等研究計画局（ＤＡＲＰＡ）が、２０１６年に「説明可能なＡＩ」（Explainable AI）の実現に向けた研究開発の投資プロジェクトＸＡＩをスタートさせるなど、研究が加速している。

こうした高度なＡＩを実現するためには高性能なハードウェアも必要となる。大量の計算を複雑に組み合わせて同時並列に実行することが求められるため、これまで一般に用いられていた汎用型のＣＰＵやＧＰＵでは性能が追いつかない、もしくは膨大な計算機資源が必要となるといった問題が生じている。それゆえ、これからはＡＩの演算に特化したフレームワークや専用のアーキテクチャの開発が重要となってくるだろう。

「見る」「聞く」「話す」だけのＡＩから、より高次の「考える」ＡＩへ

私たちＮＴＴではこうした研究トレンドを押さえつつ、そのうえで、ますます高度で複雑化する先進技術の恩恵を、人が意識せず自然に享受できるようになるべきとの方針にしたがって、ＡＩ研究を次の段階へ進めようとしている。ＡＩがあらゆる人に寄り添うナチュラルな存在となるためには、ＡＩは人間によって明示的に与えられた問題を画一的に処理するだけでなく、人々の振る舞いの背景を知り、１人ひとりの持つ価値観を理解し、人々の行動を多様なかたちで自律的にサポートしていく必要がある。そのためにＡＩは、単に「見る」

「聞く」「話す」だけの存在から、それらを組み合わせたうえで、より高次に合理的で分析的な思考を実現する「考える」存在にならねばならないだろう。

個々人の価値観に根ざしつつ自らも価値観を持ち「考える」AIを実現するためには、その前提として、「見る」「聞く」「話す」という人間の基本的な能力がAIに備わっていなければならない。「見る」能力においては、たとえばNTTが取り組む「アングルフリー物体検索技術」によって、少数の参照画像からでも変形する物体を高精度に識別できるようになってきた。「聞く」「話す」能力については、国立情報学研究所の新井紀子教授やアンドロイド研究の第一人者である大阪大学の石黒浩教授とディスカッションを重ねながら[3]「音声認識・音声対話技術」のケーススタディ研究を進めている。

さらに人間は、普段から複数のメディアを統合・補完・横断したクロスモーダルな情報処理を自然に行っている。たとえば、人間は目を閉じていても周囲の音からその場の情景を思い浮かべることができるだろう。実際にNTTでは、マイクで拾った音からその場の情景を映像で出力する、すなわち音から画像を推定するといった課題にも取り組んでいる。こうしたクロスモーダル情報処理の研究は、AIが画像と音といった異なるメディア情報を対応づけて外界を認識したり、そこから新たな「概念」を獲得したりすることを実現し、AIが「考える」存在になるための第一歩を踏み出すことにつながるだろう。

[3] NTTは新井教授率いる国立情報学研究所の人工知能プロジェクト「ロボットは東大に入れるか」に英語担当として参加し、言語処理技術・知識処理技術を提供している。また、石黒教授とはアンドロイドの共同開発を行い、同氏のアンドロイド「Geminoid HI-4」に耐騒音集音技術・音声認識技術・雑談対話技術を導入することで人間と自然な会話を実現することに成功した。https://www.sxsw.com/news/2017/a-casual-afternoon-conversation-with-droids/

「寛容さ」と「誠実さ」を重視したＡＩ研究

こうした基礎的な能力をベースに、私たちは人間の多様な価値観を理解し、自ら考えるＡＩを実現することでＡＩの活躍する領域をさらに広げようとしている。すでにいまの技術でも単純な文章の翻訳やカスタマーサポートにおけるチャット応対は実現可能だが、それらは与えられた情報に対して最適化された回答を出力しているだけだともいえる。しかし、たとえばＡＩ自身の経験にもとづいた新たな提案や問題提起ができるようになれば、ただ質問に答えるのではなく、人間の思考をより深めながら活動の選択肢を広げるようなコミュニケーションもとれるようになるだろう。

さらには、ＡＩとのコミュニケーションにおいて、ＡＩが話し相手の価値観を推測するとともに自身の価値観を反映した応対ができれば、より豊かで創造的な会話が成立するだろう。カウンセリングや高齢者施設などさまざまな領域へＡＩを導入するうえでも、その能力は重要になる。雑談のようなかたちでＡＩとコミュニケーションを重ねていくことで、人間の良き話し相手としてＡＩと徐々に「信頼」を築けるようになる。その結果、その場限りの最適解ではなく、長期的なゴールを見据えながら人間の選択肢を広げてくれるようなさまざまな提案をしてくれる存在、さらには、人間の思考をより深めてくれる存在にもなりうる。

人の動きやモビリティの状況の予測に基づく経路案内などにおいても、個々人の多様な価値観を理解することは重要である。雑談、対話や経路案内に限らず、さまざまな価値観にもとづいてＡＩが情報を処理できれば、より複雑な問題に直面しても、人間の選択肢を広げてくれる提案ができるようになるかもしれない。

このような多様な価値観に根ざしたＡＩの実現を目指すことは、同時に、多種多様な考え方を柔軟に受け入れる「寛容さ」と、矛盾や破綻のない対応で人間から強い信頼を得ることができる「誠実さ」の実現にもつながる。これまでのＡＩは時々刻々生みだされるデータを機械的に学習し、そのデータが持つ偏りをそのまま反映し、人間社会が持つポジティブな要素もネガティブな要素も混在した結果を返す存在だった。そうしたＡＩをさらに人に寄り添う存在とするためにも、考え方の多様性を認める「寛容さ」と、多様性を認め柔軟に振る舞いつつも首尾一貫した対応をする「誠実さ」を兼ね備えることが重要となる。ＡＩがより一層深く「考える」存在となって人々の思考を手助けするために、私たちは「寛容さ」と「誠実さ」をＡＩに取り込むことに注力しながら、今後もＡＩ研究を進めていく。

［ケーススタディ❶］

音声認識・音声対話技術

より自然な対話を目指して

私たちは話者の意図を正確に理解できる音声認識システムや、チャットボットによる自動応対技術など、コミュニケーションにまつわるさまざまなテクノロジーの研究開発を進めている。「ｔｏｔｔｏ」（図1-1）は女優／タレントの黒柳徹子さんを模してデザインされたアンドロイドで、大規模なデータからなる対話知識を備えるだけではなく、放送コンテンツから学習された黒柳さんのキャラクター性が至る所に組み込まれている。高精度な音声認識技術や再現性の高い音声合成技術に加えて、キャラクター性を持って自然なやり取りを実現する対話処理技術を用いることで、ユーザーはまるで黒柳さん自身と話すようなコミュニケーションを楽しむことができる。対話に沿ったモーションの自動生成技術やロボット制御技術も組み合わせることで、より自然な対話を実現しているのだ。

長年の知見と先端の深層学習を活かして

高精度な音声認識技術はいまや多くの場面で利用されているが、ＮＴＴでの音声認識の研究開発の歴史は長く、半世紀にわたる。当初は、新聞のような書き言葉をはきはきと読み上げた音声しか認識できず、認識可能な単語数も極めて限定的だった。しかし、日本で初めてＷＦＳＴ（Weighted Finite State Transducer）と呼ばれる技術を採用したことで、従来の１００倍である

1000万語のなかから最適な単語を認識することを可能にした。また、近年話題の深層学習技術を活用することで、騒がしい公共エリアでモバイル端末を使った音声認識の精度を競う国際コンペティション（CHiME3 2015）において1位を獲得した。

こうした長年の研究成果をもとに、幅広いサービスに適用可能な音声認識エンジン「VoiceRex®」を開発し、グループ各社に提供している。たとえばコンタクトセンタ事業では、顧客の許可を得て収録した音声通話から雑音や不要な情報を取り除き、効率的に情報をマイニングすることで、潜在ニーズやサービスの課題発見に役立つ情報の提供に貢献している。

図 1-1 ｜「totto」
©2017 totto製作委員会

より人間らしく自然な音声合成技術も、コンタクトセンターでの自動応対やキャラクター性を持ったロボットによるエンターテインメントなど、さまざまな場面で利用されている。近年では、こうした音声合成技術にも音声認識技術と同様に深層学習技術を用いて、より人間らしい合成音声を生成できるようになってきた。従来の音声合成技術では所望の話者の合成音声の生成にその話者の大量の音声データが必要だったが、NTTでは深層学習技術と別の話者の大量の音声データを活用することで、所与の話者の少量の音声データから高品質な音声をつくりだすことを可能にしている。

また、訪日外国人向けの対話エージェントなど、年々増加する多言語音声合成へのニーズに応えるべく、開発も行っている。その1つが「クロスリンガル音声合成」である。従来の音声合成技術では、同一話者で多言語の音声合成を実現するためには、1人の話者による複数の言語の音声データが必要だった。しかし「クロスリンガル音声合成」によって、所与の話者の日本語の音声データから、英語はもちろん中国語や韓国語などさまざまな言語の合成音声を生成できるようになり、日本語しか話せない話者の声を用いた多言語音声合成サービスが可能になった。他にも、より人間らしい感情表現をともなう合成音声など、音声合成技術への期待は高まっており、こうした期待に応えられる技術の開発をいまも進めている。

「キャラクター性」や「共感」を付与する試み

現在、自然な対話を実現するための対話処理技術も、スマートスピーカーなどの普及により注目されており、キャラクター性を持った対話システムの研究や、より複雑な内容の対話を実現するための研究が行われている。

私たちは「ｔｏｔｔｏ」のようにシステムにキャラクター性を持たせることで、ユーザーが長期間親しみを持ってシステムを使えるようになると考えており、ユーザー主導で特定のキャラクターの対話システムを育成する「なりきりＡＩ」というプロジェクトを実施している。このシステムは、ユーザーが特定のキャラクターに対して質問したり、キャラクターになりきって回答したりすることで会話データを作成し、そのデータをなりきりＡＩに学習させることで、簡単に対話システムを構築できるというものだ。

また、別の取り組みとして、ユーザーと議論ができる議論対話システムの研究を行っている。ユーザーの発言に対して、議論対話システムがその内容を支持したり反論したりすることで、ユーザーが共感を得て気持ちよく会話ができたり、新しい気づきを得られたりするというものだ。議論対話システムの機能の一部として、ユーザーの発話を支持する機能が「ｔｏｔｔｏ」にも導入されており、幅広い話題でユーザーに共感を示すのに役立っている。

私たちはこれまで長年、音声処理や対話処理などのさまざまな分野で、コミュニケーションに関する研究開発に取り組んできた。深層学習技術の発展やＡＩ関連技術の利用シーン拡大の影響で、今後はますます関連分野の間の垣根がなくなり、音声、テキスト、画像といったさまざまな情報を一緒に扱うことができるテクノロジーが求められている。これからも、アンドロイド「ｔｏｔｔｏ」のように、さまざまな関連技術を組み合わせて人の生活を豊かにするテクノロジーを提供できるよう、研究開発を進めていく。

［ケーススタディ❷］

アングルフリー物体検索技術

観光案内や商品管理のあり方を変える

建物や商品などの画像を検索するとき、正面のアングル以外からでも物体を同定できる技術の研究が進み、観光案内や店舗における商品管理のあり方などが変化しつつある。NTTが2015年から研究を進めている「アングルフリー物体検索技術」もその1つで、対象物をどの方向から撮影しても高精度に立体物を認識し、関連情報を提示することを可能にしている。

立体物の認識をより簡単にした画期的な技術

AIが「見る」能力を獲得するためには、身の周りの環境に含まれる立体物を認識・検索できる技術の確立が不可欠である。しかし、本やCD、印刷物などの平面物に比べて、立体物は撮影方向によって画像上の見え方が大きく変わるために、異なるカメラアングルで撮影すると、その同定が難しくなる。認識精度を保つためには、1つの物体ごとに、あらかじめさまざまなアングルから撮影した大量の画像を準備し、ラベルづけして、データベースに登録しておく必要がある。この作業はサービス事業者に大きなコスト負担を強いるため、立体物の認識を活用したサービスの普及への障壁となってきた。

「アングルフリー物体検索技術」では、物体の3次元的な見え方の変化をシミュレートして、入力画像と参照画像の間の対応関係を正確に特定することにより、事前にデータベースに用意する参照画像の数を従来の1／10程度まで大幅に削減することを可能にした。また、画像特徴の重要度を、その出現頻度にもとづき統計的に推定する方法を用いることで、物体などの検索精度を大幅に向上させている。

現在は、本技術をさらに発展させ、布製品や軟包装製品など、不定形の商品までも幅広く認識できるようになっている。不定形の物体は、さまざまな変形パターンをとることで画像上の見え方が大きく変わり、認識精度が低くなる。そこで、射影幾何学から導かれる同一立体物上での幾何学的拘束を、物体全体に適用するのではなく、複数の部分領域ごとに適用することで、物体が変形していても入力画像と参照画像間での正しい対応を特定できるようにした。これにより、定形の立体物に加えて、任意の変形が生じる不定形の物体でも、高精度に認識・検索することが可能になった。

インバウンド向けサービスや店舗の省力化

「アングルフリー物体検索技術」の活用例として、会場案内や観光案内などへの展開、商品管理やレジ打ちなどの業務の省力化が見込まれている。

2018年の訪日外国人数は3119万人で、7年連続で増加している。訪日外国人にとって、多言語表示の不足や、不案内な場所における移動、食事等の文化の違いは、大きなストレスとなる。とくに到着したばかりの空港や駅においては、ほとんどの看板や案内が日・英などの主要言語に限られていることや、次の交通移動手段や史跡、日本食の原料などを調べる手段がすぐに思いつかないことなど、解決すべき課題が多く見られる。

こうした課題に対し、NTTでは「アングルフリー物体検索技術」をベースとして、案内看板や建物、商品などにスマートフォンをかざすことにより、経路案内や観光の詳細情報などをスマートフォンに設定された言語で表示するサービス「かざして案内®」を開発した。本サービスを活用して、東京国際空港ターミナル株式会社、日本空港ビルデング株式会社、パナソニック株式会社と共同で、羽田空港内で利用者が誘導看板・案内看板、特定レストランのメニューにスマートフォンのカメラを向けると、母国語で有益な情報が得られるという実証実験を行い、実用レベルの性能を確認した。

また、近畿日本鉄道株式会社、西日本電信電話株式会社とは、年齢や言語を問わないシームレスな案内の実現に向けて、画像認識AI機能「かざして案内®」と対話AI機能「チャットボット」を組み合わせた、マルチモーダル・エージェントAIを使った実証実験を行った。これは、スマホから専用サイトを通じて観光地の画像やポスター等を写すと、AIが画像を認識し、駅から目的地までの道順や交通手段等を、チャットボット形式で教えてくれるというサービスだ。近鉄奈良駅を利用する多数の旅行客に体験していただき、うち400人を超える外国人観光客にヒアリングを実施したところ、9割以上の回答者から、「このサービスは簡単に使える」、「今後もこのサービスを使う」という回答が得られ、本サービスの受容性を確認した。このように「アングルフリー物体検索技術」は、身の周りの環境に含まれる、さまざまな物体をキーとした情報提供サービスの実現に大きく貢献している。

また最新の成果としては、スナック菓子やゼリー飲料などの軟包装製品、布製品などの不定形の商品も含めて認識可能となっている。今後ますます対象範囲が広がり、さまざまな製品が認識できるようになれば、店舗でのレジ打ち業務の省力化や、将来的には無人店舗への応用にもつながっていくと考えられる。また、仕分け業務や在庫管理の効率化など商品管理にも活用できることから、現場の業務効率化に向けても貢献することになるだろう。

［ケーススタディ❸］

時空間多次元集合データ解析技術

人やモノの動きを捉えて、交通を効率的に導く

現在、スマートフォンやIoTデバイスの普及にともない、車やモノの動き、人の行動や環境の変化等に関する、多種多様な時空間に紐付けられたデータがあまねく計測されている。このように収集・蓄積された多種多様かつ膨大なデータをAIで学習し、そのなかに潜む有用な情報を抽出できれば、「時間」と「空間」を自在に予測できるようになるだろう。

大量の時空間データを分析・活用

NTTが構築しているのが、複数の属性を含む多次元データからデータ間の時空間的な関係性をモデル化し、時空間データから「いつ、どこで、何が、どうなる」を予測する〝時空間多次元集合データ解析技術〟である。〝集合データ解析〟とは、空間メッシュ内の人または車両の数など、個々が認識できない場合の人、または交通の時空間的な流れを推定するための技術で、集計された統計データのみを解析に用いる。したがって、個人情報を保護しながら、集団として有益な情報を抽出できるという利点がある。

本技術を活用して、現在、私たちはNTTドコモと共同でモバイル空間統計のデータを用い、日本全国の現在、および数時間先のあるエリアにおける人数を

予測する「近未来人数予測™」の実用化に向けた検討を行っている。これは、メッシュごとの人数の時系列データから潜在的な構造のモデリングを行い、潜在的な構造モデルの変動パターンを学習して予測することで250m〜500mメッシュ単位で、現在と数時間先の未来の人数を予測するというものだ。また需要予測にもとづいて流動的にバスの運行をコントロールする「オンデマンド型バス」やカーシェアリングへの導入も検討している。

本技術をさらに発展させ、都市部における交通問題、たとえば、混雑や渋滞を解決するための交通・移動の最適化に向けた取り組みを始めている。ここでは、複数の交通・移動手段を連携させユーザに全体として無駄のない移動手段を提供するマルチモーダルMaaSへの適用を目指す。この実現のために、①観測された人や車などの流れに関する情報をシミュレーション環境に取り込み（データ同化）、②都市部による交通問題を回避するような誘導策をすばやく探索し（制御策最適化）、③その結果を提示し集団を誘導する技術（行動変容）について検討を進めているところだ。

利用者に行動を促し、最適な交通を

①の実現のために必要なのが、「データ同化」である。これは、リアルタイムに都市のモビリティ関連データ、過去の実績データ、交通機関ダイヤ、改札通過人数、また静的な環境情報として道路・駅の構造などの外部情報を組み合わせて学習することで、人の流れをシミュレータ上で再現するというものだ。つまり、人の流れの再現には、さまざまなデータを同化してシミュレーションに反映させるデータ同化技術を応用する必要がある。

データ同化では局所的に得られた観測データから移動経路ごとの人数の時間推移を推定することで、人流を再現することを可能とする。エージェントの移動時間も考慮に入れてモデル化し、局所的に得られた観測データを最も良く再現する移動経路ごとの時間推移の

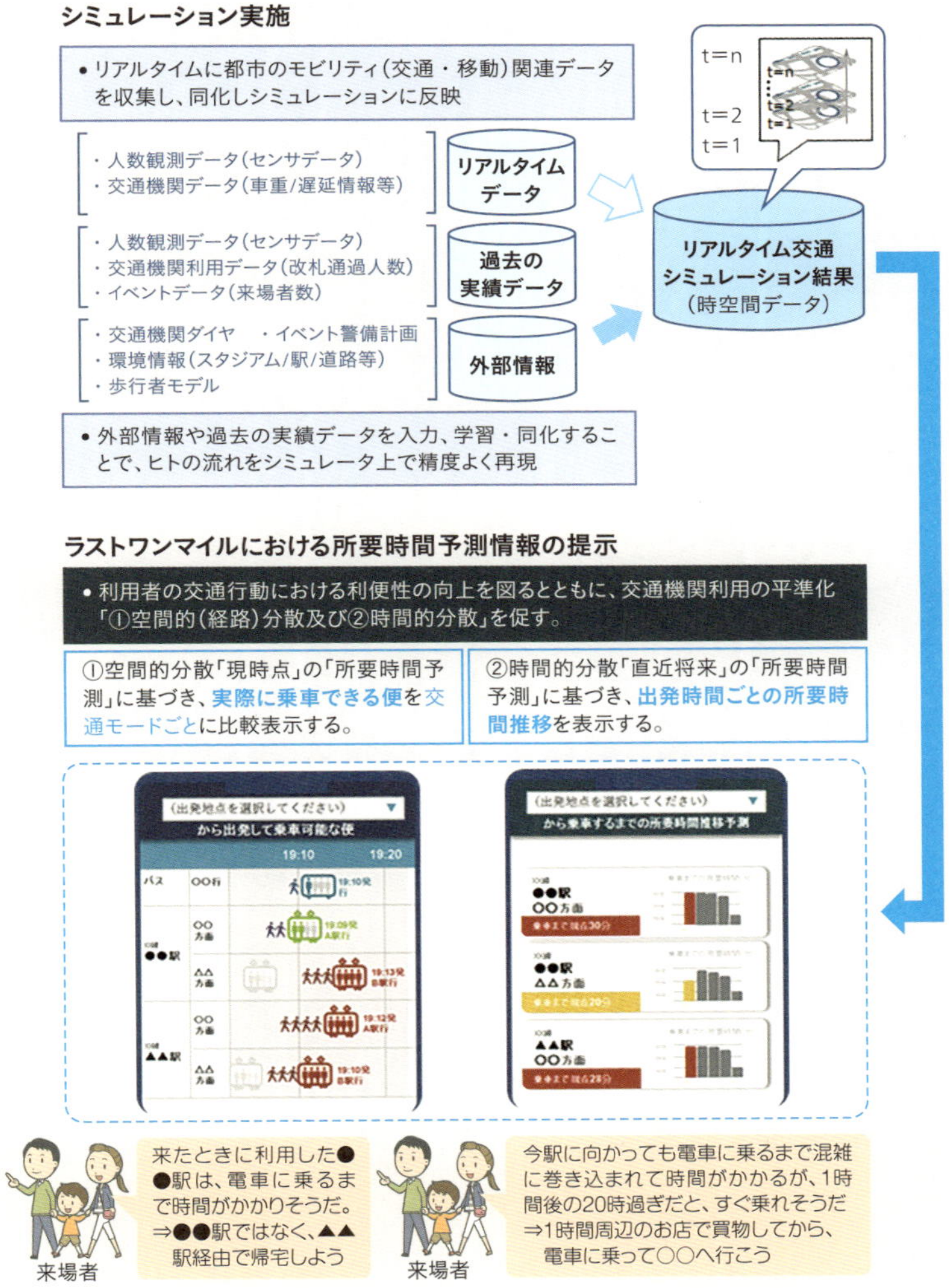
シミュレーション実施
• リアルタイムに都市のモビリティ（交通・移動）関連データを収集し、同化しシミュレーションに反映
・人数観測データ（センサデータ）
・交通機関データ（車重/遅延情報等）
リアルタイムデータ
・人数観測データ（センサデータ）
・交通機関利用データ（改札通過人数）
・イベントデータ（来場者数）
過去の実績データ
・交通機関ダイヤ　・イベント警備計画
・環境情報（スタジアム/駅/道路等）
・歩行者モデル
外部情報
• 外部情報や過去の実績データを入力、学習・同化することで、ヒトの流れをシミュレータ上で精度よく再現
t=n
t=2
t=1
リアルタイム交通シミュレーション結果（時空間データ）
ラストワンマイルにおける所要時間予測情報の提示
• 利用者の交通行動における利便性の向上を図るとともに、交通機関利用の平準化「①空間的（経路）分散及び②時間的分散」を促す。
①空間的分散「現時点」の「所要時間予測」に基づき、実際に乗車できる便を交通モードごとに比較表示する。
②時間的分散「直近将来」の「所要時間予測」に基づき、出発時間ごとの所要時間推移を表示する。
（出発地点を選択してください）
から出発して乗車可能な便
19:10
19:20
バス
●●駅
▲▲駅
から乗車するまでの所要時間推移予測
●●駅
〇〇方面
●●駅
△△方面
▲▲駅
〇〇方面
来たときに利用した●●駅は、電車に乗るまで時間がかかりそうだ。⇒●●駅ではなく、▲▲駅経由で帰宅しよう
来場者
今駅に向かっても電車に乗るまで混雑に巻き込まれて時間がかかるが、1時間後の20時過ぎだと、すぐ乗れそうだ⇒1時間周辺のお店で買物してから、電車に乗って〇〇へ行こう
来場者

図 3-1

推定をするという多数のシミュレーションを効率的かつ高速に実施することで、飛躍的に精度を向上させている。

②の実現には、「制御策最適化」が重要な役割を担う。つまり、データ同化技術で再現されたシミュレーション結果にもとづき交通機関の混雑状況や所要時間の予測情報を生成して、最適な誘導策を算出する。最適な誘導策を決めるためにとりうる制御策としては、人の誘導・経路の変更・道幅の変更・信号パターンの変更・電車の増便などがあるが、これらの可能な組み合わせの数は膨大になる。この膨大な候補をすべてシミュレーションするには時間がかかりすぎるため、私たちは少量のシミュレーション結果からまだ試していない誘導策の「良さ（移動時間・混雑緩和度合い・誘導策の実施コスト）」を予測し、次にシミュレーションすべき誘導策を導出して、効率的な探索を実現する制御策最適化技術を実現している。

③の「行動変容」については、利用者の交通行動における利便性の向上を図るとともに、交通機関利用の平準化「空間的（経路）分散および時間的分散」を促す必要がある。そのため、データ同化や最適化で得られた結果をもとに、利用者がいる場所からの移動手段案を複数表示したり、出発時間ごとに所要時間推移を予測して提示することに加え、混雑状況を加味してそれを避ける行動をした利用者へインセンティブを付与することで、来場者交通機関の時間・経路平準化による混雑緩和を実現したいと考えている。

02

Virtual Reality/Augmented Reality

仮想現実／拡張現実

人間の多様な感覚にアプローチ、リアリティの本質を追究

仮想現実（Virtual Reality：VR）および拡張現実（Augmented Reality：AR）（以下、VR／ARと表記）の市場は、2017年から2022年までの間に、年率86％という高い成長率での拡大が予想されている。[1] すでにエンターテインメント産業では盛んに取り入れられているほか、アパレルブランドが試着用のARプロモーションを店舗に導入するなど、B2Cビジネスにおいては一定の実用化が進んでいる。さらにはB2Bビジネスでの活用も幅広い領域で検討段階に入っている。たとえば工業製品や建築物の設計においてデザインを立体化したり、バー

[1] Allied Market Research. Global Augmented and Virtual Reality Market. 2014-2022

チャル手術の導入によって遠隔医療を実現したりと、モビリティや金融、不動産、医療分野での利用が期待されている。

VRやARをさらに多様なシーンで活用するためには、何が必要なのだろうか。いまVR／AR研究において注目されているトピックとして、「存在感の深化」「処理の高速化」「酔いの抑制」の3つがある。これらが実現されることで、VR／ARはエンターテインメントやバーチャル体験のためだけのテクノロジーではなく、私たちが「現実」と向き合う関係性を変えうるテクノロジーへと進化するかもしれない。

視覚だけでない、高度な複合感覚へのアプローチ

まず「存在感の深化」とは、視覚のみならずさまざまな感覚へとアプローチすることで対象の「存在感」をより本質へと近づけることを意味する。VR／ARと聞いて多くの人が思い浮かべるものがヘッドマウント型ディスプレイであるように、最近注目されているVR／ARは多くの場合「視覚」の制御によって、対象の存在感を伝えようとする。しかし、これまでもゲームやシミュレータの世界では、音や加速度、振動などの組み合わせによって体感のリアルさを増加させようとする試みが行われてきた。今後、視覚と聴覚、触覚などを高度に複合させる技術がさらに進歩することで、存在感はさらにリアルに近いものへとグレードアップされる可能性がある。

「処理の高速化」と、「酔い」の防止

「処理の高速化」は文字通り、ＶＲ／ＡＲ体験の処理を高速化させることでさらなるリアリティを獲得しようとするものである。現在は半導体の性能や通信速度による制約が大きいため、ＶＲ／ＡＲの画質は現実と比べかなり限定されている。今後、アルゴリズムの改良や５Ｇなど通信性能の向上によって処理速度が向上すれば、より高画質でのＶＲ／ＡＲ体験がもたらされることになるだろう。たとえば２０１６年にＵＣＬのセバスチャン・フリストンらが発表した論文[2]は、フレームレスレンダリング技術をテーマとしている。フレームレスレンダリングはもともと１９９４年にゲイリー・ビショップらによって提案されたもので、従来はフレームごとに映像を読み込む必要があったためレイテンシ（遅延時間）の高さがネックとなっていた問題を解決する技術だが、フリストンらの研究ではＦＰＧＡ（プログラムのように書き換え可能なハードウェア）を使用して、より高速なレンダリングへの可能性を示した。

もちろん、ただ処理能力を向上させるだけで豊かなＶＲ／ＡＲ体験が生まれるわけではない。「ＶＲ／ＡＲ酔い」の危険性も課題の1つだ。現状では、酔いが引き起こされるがゆえに、長時間ＶＲ／ＡＲを見続けられないという課題が発生している。この課題に対して、たとえば２０１８年に香港科技大学のユエ・ウェイらは、視野全体の動きにより観察者が動いているような印象を与える場面では、中心視野に意識を向けるのではなく、意識を周辺視野へと

[2] Sebastian Friston et al., "Construction and Evaluation of an Ultra Low Latency Frameless Renderer for VR," *IEEE Transactions on Visualization and Computer Graphics*, Volume 22, Issue 4, pp. 1377-1386, Apr. 2016

シフトさせることにより酔いを軽減できる可能性があることを評価実験によって明らかにした。[3]これ以外にも、エンターテインメント業界ではＶＲゲーム体験の向上を目的として、酔いを軽減するための実践的な手法が日々生まれつづけている。

現実世界とＶＲ／ＡＲ世界の〝壁〟をなくす

ＮＴＴでもかねてより、さまざまな角度からＶＲ／ＡＲ技術の開発に取り組んできた。その研究成果はエンターテインメント領域などを通じてすでに広く発表されているが、私たちのゴールは単なる「エンタメ」での活用にとどまらず、その先にある、時空間の壁を超えて人と環境が自然に調和する体験を可能にし、かつ、それらを自在に共有できる世界の実現を見据えている。たとえば「超高臨場感通信Kirari! 2.0」では、高臨場映像のゼロレイテンシー技術により、遠隔伝送で通常発生する映像の遅延をも克服しようとしている。

他方、人やモノ、環境など現実世界をモデル化し、個々人の価値観や経験をも取り入れたシミュレーションにより再現、予測、あるいは拡張するデジタルツインコンピューティング（ＤＴＣ）と組み合わせることで、ＤＴＣで生成された未来の世界や社会をＶＲ／ＡＲによってあたかも現実のように、視覚・触覚・聴覚を通じて体験できるかもしれない。

今後、「情報の収集・加工」「リアルタイム同期伝送」「リアルな演出・再現」といった技術がさらに進歩し、リアリティの本質が追求されていくことで、対象の存在感やひいてま

[3]『Ergonomics』Vol.61に発表された論文（Yue Wei et al., "Allocating less attention to central vision during vection is correlated with less motion sickness," Ergonomics, Vol.61, pp. 933-946, Jan. 2018）。この論文をはじめ、酔いを生じさせない視覚表現への取り組みは各所で行われている。

人々の体験の質は大幅にグレードアップされていくだろう。すでにこれらの技術はスポーツシーンや伝統芸能と最新テクノロジーを組み合わせたイベントでも導入されており、今後、それらを体験できる場も増えていくだろう。

さらには、私たちNTTはこれからのVR／AR研究のなかで、こうした技術がごく自然に生活環境に溶け込み、人が意識しないで活用できるという意味で「アンビエント」が重要なキーワードになると考えている。現在は、専用デバイスが人の行動を制限するがゆえに、現実世界とVR／AR世界の間には〝壁〟がある。私たちは人の活動をさまたげることなく、VR／ARがナチュラルに生活環境に溶け込んでいく世界を目指している。

これらの技術は人間に新たな体験をもたらすだけではなく、人間の能力を補完・補強することにも活用できる。たとえば、私たちは人の感覚器官では通常取得できない情報を、まるで〝シックスセンス（第六感）〟があるかのように活用することで、あたかも自らの身体機能が拡張されたような感覚を持って活動できるかもしれない。

今後VR／AR研究が加速していくと、視覚・聴覚・触覚などさまざまな感覚をより高度に融合する技術が登場してくるだろう。それはITリテラシーの有無によらず、誰もがIOWNがつくる世界の恩恵を受けられる環境をつくるためにも必要不可欠な技術だ。人が持つさまざまな感覚へアプローチしていきながら、私たちは今後もより一層リアリティの本質を究めるべく研究を深めていきたい。

[ケーススタディ❹]

超高臨場感通信「Kirari!」

異次元の視聴体験を実現する

超高臨場感通信「Kirari!」は、遠隔地にネットワークを介して、リアルタイムに競技空間やライブ空間を「丸ごと」伝送し、遠隔地においてもあたかも本会場にいるかのような体験を可能にする技術である。これは、「メディア制御」「メディア処理」「リアルタイム同期伝送」を実現する技術の集合で、遠隔地のホールやライブ会場に向けて空間をリアルタイムに同期しながらありのままに伝送し、再現することで、これまでにない超高臨場感を実現している。

視覚や聴覚の先端的な要素技術

「Kirari!」は、次に説明する複数の要素技術から成る（**図4-1**）。

まず、「任意背景リアルタイム被写体抽出技術」は、グリーンバックなどのスタジオ設備を用いずに、競技会場や演技している舞台映像から、被写体領域のみをリアルタイムに抽出する技術だ。従来では判別できなかった、よりわずかな特徴量の差までも判別する機械学習の導入、畳み込みニューラルネットワーク（CNN）を用いたセマンティクスを考慮した被写体判別、マル

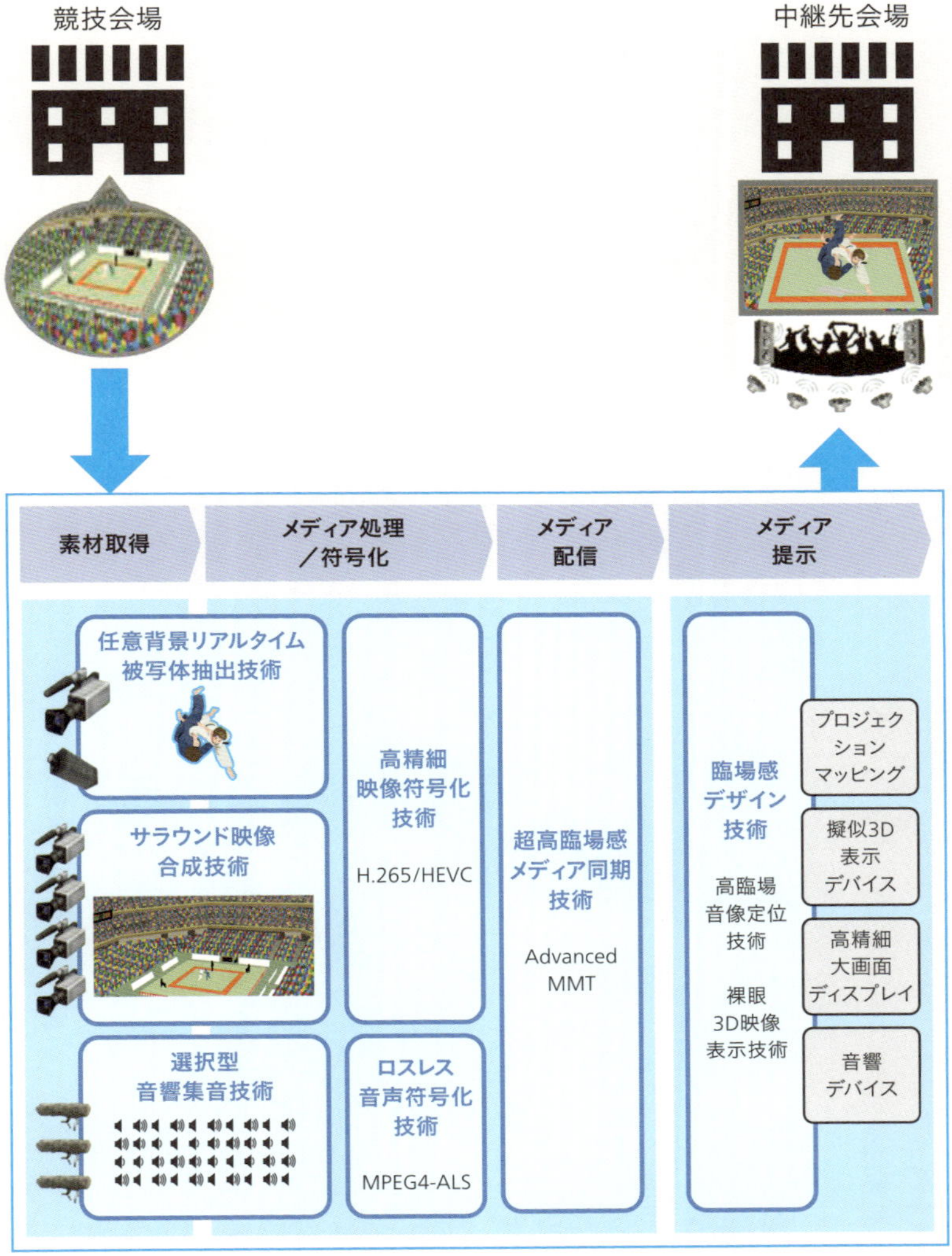

図 4-1 ｜Kirari! の構成

チスペクトル画像を入力とした特徴量生成により、ロバストかつ高精度な被写体抽出を実現している。

「サラウンド映像合成技術」と「超高臨場感メディア同期技術」(Advanced MMT)は、競技会場や舞台を広域に撮影した複数台のカメラ映像をリアルタイムに合成し、遠隔地へ低遅延で同期伝送する技術だ。映像中の動物体を避けた最適な結合線を探索することで、動物体が結合線をまたぐことによる欠損や伸長を防ぎつつ、映像合成・伝送に必要なさまざまなメディア処理をGPU(Graphics Processing Unit)上でタスク制御することで、専用のハードウェア・システムを利用することなく、汎用サーバにて、ライブ中継での利用を可能にしている。

また、「高臨場音像定位技術」は、複数のスピーカからなるスピーカアレイを用いて、会場内のさまざまな位置に音像を定位できる技術だ。異なる会場にいる観客の歓声が耳元で感じられるよう、奥行き方向の音像制御もできる波面合成音響技術を採用し、音が客席近くまで迫るような臨場感の高い音響再生を実現している。

さらに、「裸眼3D映像表示技術」は、3Dメガネ等を必要とせずに運動視差も含めた自然な立体視を実現する技術だ。隣り合う視点映像の輝度を視点位置に応じた輝度比率で合成し提示することで、中間視点の映像を視覚的に補完して知覚させるリニアブレンディングと、そのリニアブレンディングを光学的に実現する空間結像アイリス面型光学スクリーンを用いることで、従来よりも少ないプロジェクタ数でなめらかな視点移動を実現している。

リアリティ溢れるさまざまな視聴体験

では、実際にこれらの要素技術を組み合わせて実現される「Kirari!」は、視聴者にどのような視聴体験をもたらすのだろうか(**図4-2**)。

たとえば、「任意背景リアルタイム被写体抽出技術」を用いれば、被写体抽出された映像が疑似3D表示装

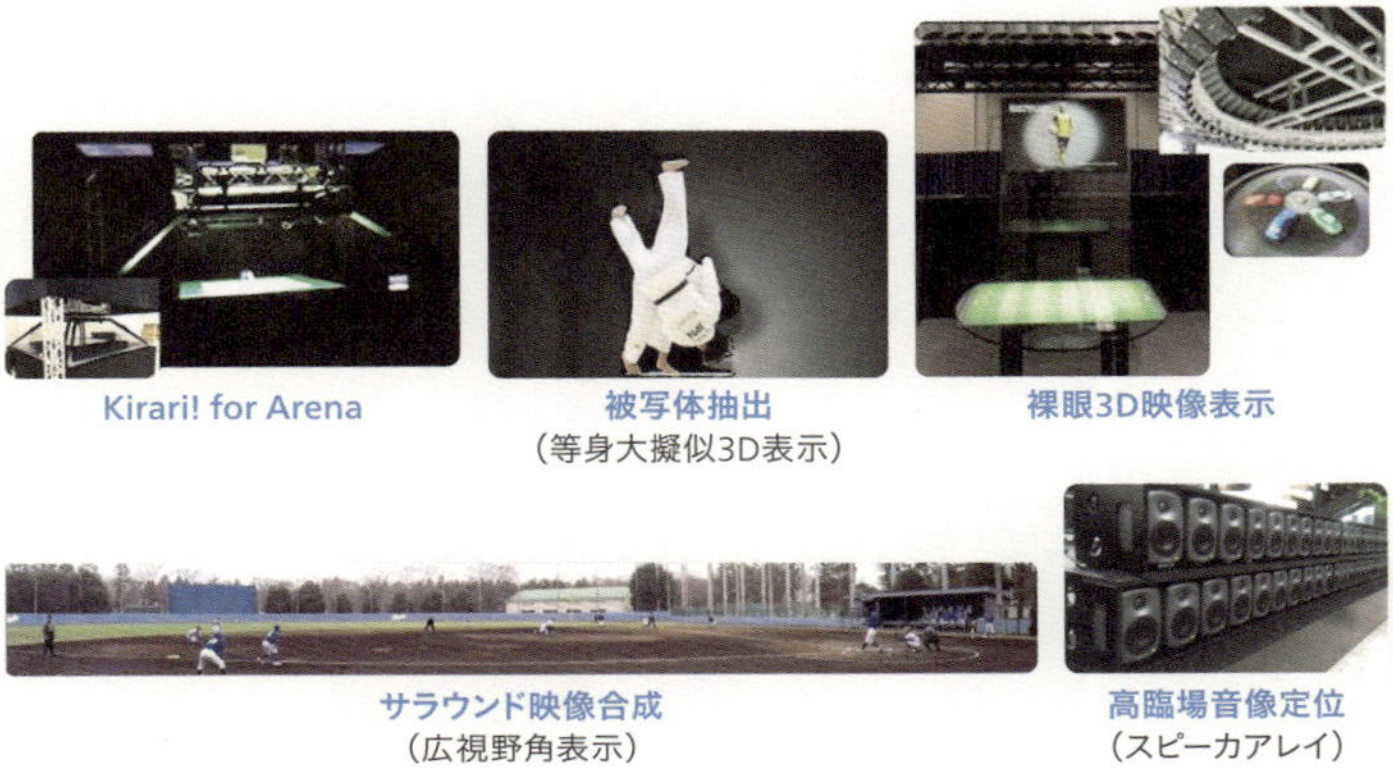

図 4-2｜Kirari! の種類

置により等身大で映し出されるとともに、被写体の影を自動的に生成、背景に表示することで、映像としては2Dの表示でも奥行き感を提示でき、スポーツ観戦であれば、その場で試合が進んでいるかのようなリアリティを生成する。さらには実際の演者をセンシングしメディア処理することで、現在の演者と少し過去の演者が同時に共演するといった、本来ならばありえない映像をつくりだすことも可能になる。

また、擬似3D表示を4方向に拡張した場合（Kirari! for Arena）は、各面に表示する映像を超高臨場感メディア同期技術により完全同期して表示することで、複数人で囲んで観るという新たな視聴体験も提供できる。

サラウンド映像合成技術を用い、4K／8Kを超える解像度と広い視野角を有する超ワイド映像を、複数台のプロジェクタを用いて投影される大型スクリーン等に表示することにより、あたかも本会場で観戦・鑑賞しているような臨場感を生成する。映像の表示サイズを実寸大・等身大で表示すれば、目の前でアスリートが競技しているかのような躍動感と迫力をリアルに体感することもできる。

さらに、「裸眼3D映像表示技術」を用いた場合は、床に対して垂直、あるいは水平に設置された特殊なシートに対し、複数のプロジェクタからさまざまな角度からの映像を照射することで、3D映像をテーブル上に浮かび上がらせ、遠隔地の競技空間を360度あらゆる方向から取り囲んで観察するという新たな視聴体験も提供する。

音響効果については、高臨場音像定位技術を用いて、直線状の2次音源（スピーカアレイ）を制御し、スピーカを置いていない客席近くにまで音が飛び出したり、映像には映っていない観客の声を再現したりするなど、競技会場との一体感を感じられる演出を可能にする。

今後は、スポーツ、エンターテインメント分野、ならびに、エンタープライズ分野での「Kirari!」の社会実装を促進するとともに、時空間を超えた自然な体験を創出・共有できる世界を目指して取り組んでいく。

03

Human Machine Interface

ヒューマン・マシン・インターフェース

人間の内面の理解から「感覚と運動」の拡張へ

テクノロジーの進歩によってあらゆる産業が「スマート」になっていく将来、人間の「身体」のあり方はどのように変わっていくのだろうか。私たちの身体機能をより広い活用範囲に、より自然に拡張するための鍵を握るのが、ヒューマン・マシン・インターフェース（HMI）だといえる。HMIとは、人間と機械（人工物）が相互に情報をやりとりするための技術や仕組みである。認知科学や神経科学などの発展によって脳や身体への理解が深まっていることと歩調を合わせて、HMIが実現できることも今後、増えていくと予想される。

では、ＨＭＩは実際に、どのように人間の身体機能を拡張していくのだろうか。たとえば建設業や保守点検業務などにおいては、ロボットを遠隔地から、あたかも自分の体を動かすかのように自然に操作できるようになることが想像できるし、医療においては熟練の外科医師による遠隔手術がロボットを介してより正確かつ安心に受けられるだろう。ＶＲやＡＲと組み合わせることで、体内に挿入したマイクロマシンを外部から自在に操作して患部を治療するといったこともいずれ可能になるかもしれない。

人間から機械への入力としては、音声を用いたインターフェースはすでに多く実用化されているし、アイトラッキングやジェスチャーによる操作も近年では身近になってきている。今後はさらに、脳活動の情報を活用した脳インターフェースの実用化も進んでいくかもしれない。こうしたＨＭＩの研究においては、「インプットの上流化」と「認知プロセスの反映」という2つのトピックが継続的に研究されてきた。

「インプットの上流化」と「認知プロセスの反映」

従来のＨＭＩは一般に、「四肢の動き」「視線の動き」といった人間の動作や、発音された音声などをインプットとして検知しているが、こうした動作はそもそも脳が身体の各器官に神経を介して電気信号を送ることで発動している。ここで、ＨＭＩへのインプットを、従来の筋肉によるインプット（指や声など）ではなく、筋肉の働きを司る脳や筋肉の情報を使って行うことも考えられる。このように、「インプットの上流化」とは、従来のインプットの前段階の活動を検知することを目指すものである。ただし、これらの活動信号の検知にはノイズや正確性の課題があり、スムーズなインターフェースの実現には困難がともなう。

この分野での研究は、各国で実施されており、たとえば、中国科学院のエンハオ・ジェンや北京大学のシンイン・ワンらが2018年に発表した共同研究[1]では、肌に直接触れずに上腕の表面筋電を読み取るインターフェースを開発。脳や頭蓋骨に直接デバイスを挿入する研究も存在する。例としてアメリカでは、脳とコンピュータをつなぐインプラント式のニューラルインターフェースに関する研究が進められている。

もう1つの「認知プロセスの反映」は、エラーの少ないインターフェースの確立へとつながっている。HMIではエラーを避けることは難しいが、今後は、人間の認知・思考プロセスへの深い理解にもとづくHMIが導入されていくことで、エラーの生じにくいインターフェースが可能になるかもしれない。

身体をスマートでナチュラルに拡張する

これまでのHMIは、人間がそのデバイスを「使っている」という意識なしに使うことが難しいものだったが、今後は人間がデバイスやロボティクスを自然に利用するのに資するものになるだろう。私たちNTTは、HMIを通じて人間の身体をよりスマートでナチュラ

[1]『*Frontiers in Neurorobotics*』で2018年7月27日に公開された論文(Enhao Zheng et al., "Forearm Motion Recognition With Noncontact Capacitive Sensing")。

ルに拡張していこうと取り組んでいる。

たとえば現在、マルチモーダル・インターフェースを備えたデバイスによって、人間の五感を通じて得られる感覚情報を含む、環境から得られるさまざまな情報、生体情報などをリアルタイムにセンシングすると同時に、人間の活動を邪魔しない自然なやりとりで情報提供を行う「アンビエントアウェアネス技術」の開発を進めている。

また、デバイスばかりか周囲の環境そのものが相互に連携しながら人間の能力を補完・補強しうる技術を「アンビエントアシスト技術」と名づけ、ＨＭＩを通じて人が五感を拡張するような世界の実現を目指している。人間の感情など、人の内面の理解をさらに進め、ＨＭＩに反映する技術にも取り組んでいく。

テクノロジーと「人間」が最も密接に絡み合う領域の１つがＨＭＩである。人間への理解をより深め、新たなＨＭＩをつくり出すとき、それは人間の可能性をより押し広げ、ＩＴリテラシーの有無によらず、あまねく人々がテクノロジーの恩恵を受けられる環境を生みだしてくれるに違いない。

〔ケーススタディ❺〕

「Point of Atmosphere」

デバイスレスな未来を実現する

私たちは将来、スマートフォンなど目に見えるデバイスを意識する必要はなくなっていき、周囲のさまざまなものが、人びとの生活を見守る世界が訪れると考えている。たとえば、部屋にあるさまざまなICT機器が連動し、天気予報をわざわざ調べなくても、壁に掛けたレインコートが揺れたり床が濡れていたりするように錯覚で見せ、「今日は雨が降る」ということを自然に伝えられるようになるかもしれない。このように人と環境が調和して自然なやり取りで人の本来の活動を邪魔せずDX（デジタルトランスフォーメーション）を推進する環境を私たちは「Point of Atmosphere」（PoA）と呼んでいる。

「ナチュラル」に人びとを支援する夢のサービス

鏡のなかに映りこんだ自分の姿に合わせて、その日に最適な服装を映し出してくれる。これまでもこのようなサービスが近未来のイメージとして語られることがあったが、PoAはさらに進んで、将来の自分の姿をも映し出そうという試みだ。たとえば、健康管理が十分にできている人には、ハツラツとした将来姿を、逆に不摂生が続いている人にはやつれた将来姿を映し出して危機意識を煽り、健康管理の意識の向上に役立てることができるかもしれない。外出先でも周りにあるさまざまな物から、役に立つ情報が自然と伝わってくる、そんな世界を目指している。

ＰｏＡは、リアルワールドにおいて私たちの日常に溶け込みながら、さまざまな産業分野でも活用されることを想定している。たとえば交通分野では、電車の時刻表を見ることなく出発の時刻を知ることができたり、車が近づいている気配を感じたりすることで、危険を知らせることができる。あるいは、激甚災害などの不測事態の発生をあらかじめ予測し、リアルワールドの交通機関のフェイルセーフ（遠隔停止）や、公共協調運転エリアへの切り替えを実施することができるようになる。

また、医療分野では、その人の病気や精神状態を推察して、自然に生活習慣を改善できるように行動変容を促したり、疾病の予防を行えたりするようにする。手術が必要な場合には、遠隔地でも診断が受けられ、名医に執刀してもらうのと同じように、ロボティクスによる治療を受けられるようになる。その際、既往歴からいま行われている手術の進行を予見し、リスクを洗い出して、ミスが起こらないように手術をナビゲーションするといったことも可能になるだろう。

さらに、エンターテインメント分野では、あたかもスポーツ競技の会場にいるかのような感覚で競技を観戦したり、選手の体験をあたかも自分が感じているかのように共有したりできるようになるかもしれない。また、過去の有名な演者と、いま、実在する演者との時空間を超えた共演なども楽しむことができるだろう。食事の際には、料理の素材の産地、生産者や料理人それぞれの創意工夫をさまざまなかたちで自然に知ることができ、より一層料理を楽しむことができるに違いない。

ＰｏＡを支えるさまざまな技術

ＰｏＡを支える技術には、以下のようなものがある。人と環境が調和して、時空間を超えた（時間や場所を選ばない）自然なやり取りを実現する「①アンビエントアウェアネス技術」、環境やデバイスが連携し、人の活動を自然に補完・支援する「②アンビエントアシスト技術」、さらに、人の活動のメカニズムをもとに、人とデバイス／ロボティクスを自然に協調・融合させる「③サイバネティクスUX技術」などがある。

①アンビエントアウェアネス技術は、人と情報の自然なやり取りを実現するための起点となる。環境に配置されたさまざまなセンサや、人の五感に対して情報を自然に提示するデバイスが環境に溶け込み、相互に連携して働きかける。②アンビエントアシスト技術は、人の能力を拡張したり、失われてしまった機能を補完したりするための技術だ。人の能力・機能が拡張されることにより、これまでにない新しい体験が可能になるだろう。③サイバネティクスUX技術は、人の本能に訴えかけ、より良い生活を送るよう、人を導く。

これらの技術の背後には、さまざまな情報を統合的に解析・判断するAI技術と、これらの情報をサイバー空間上に表現し、保管・管理するデジタルツインコンピューティング（DTC）基盤が存在する。DTC基盤により、サイバー空間上に仮想的なパラレルワールド（もう1つの世界）が形成され、リアルワールド（現実の空間）と並行した世界が広がる。一方で、パラレルワールドでは、人びとの能力が拡張された活動が可能となる。たとえば、リアルワールドでは言葉の障壁があって上手く伝わらなかったことが、パラレルワールドでは自然に伝わるようになり、人びとの活躍の場を広げるといった具合だ。

私たちは、ITリテラシーによらず誰もがパラレルワールドの恩恵を享受できるようにするため、今後もセンシングやメディア処理技術を活用しながら研究開発を進めていく。

［ケーススタディ❻］

「変幻灯」と「Hidden Stereo」

錯視を利用して情報を提示する

ＮＴＴは、長きにわたり人間の知覚特性を解明する研究を続けてきた。たとえば、人間はなぜ、どのようにモノを見ることができるのか、聞くことができるのか、触り心地を体験できるのか、といった問題の解明に取り組んでいる。知覚の基礎的な特性を解明することを目的としつつも、最近では蓄積してきた知覚研究の科学的知見が情報提示技術へ応用される例も増えてきた。ここではそのなかからいくつかの事例を紹介する。

動きを見る仕組みを利用した光投影技術「変幻灯」

物体表面上にプロジェクタから画像や映像を投影して実対象の見た目を変える技術は、プロジェクションマッピングとして知られており、広く使われている。ＮＴＴは、こうしたプロジェクションマッピングの新しい使い方として、実対象の色味や模様を保ったまま、動きの情報だけを付加する光投影技術「変幻灯」を開発した。変幻灯では、止まっている対象に明暗の動き情報だけをプロジェクタで重ねることで錯覚を誘導し、対象そのものが動いているかのように見せることができる。たとえば、実物のバッハの肖像画が突然、笑みを浮かべる——というような効果を与えることも可能だ（**図6-1**）。

変幻灯はなぜ対象に動きの印象を与えることができるのだろうか。変幻灯で投影されている映像cは、もともと動いていない対象の画像aと、コンピュータのなかで人工的に動きをつけた対象の画像bとの差分で構成された映像である。しかも、色の情報を取り除いた、明るさに関する差分だけでできている。この差分の映像を動いていない対象に投影すると、その差分が示す向きに対象が動いたように感じられる（映像c）。面白いのは、投影している映像には色は含まれていないのにもかかわらず、変幻灯は色のついた対象にも動きを与えることができるところにある。これは、人間の視覚系が明暗の動きには敏感で、色の動きには鈍感であるため、明るさに動きがあれば色も動いたのだろうと判断してしまうからであると考えられる。

図 6-1

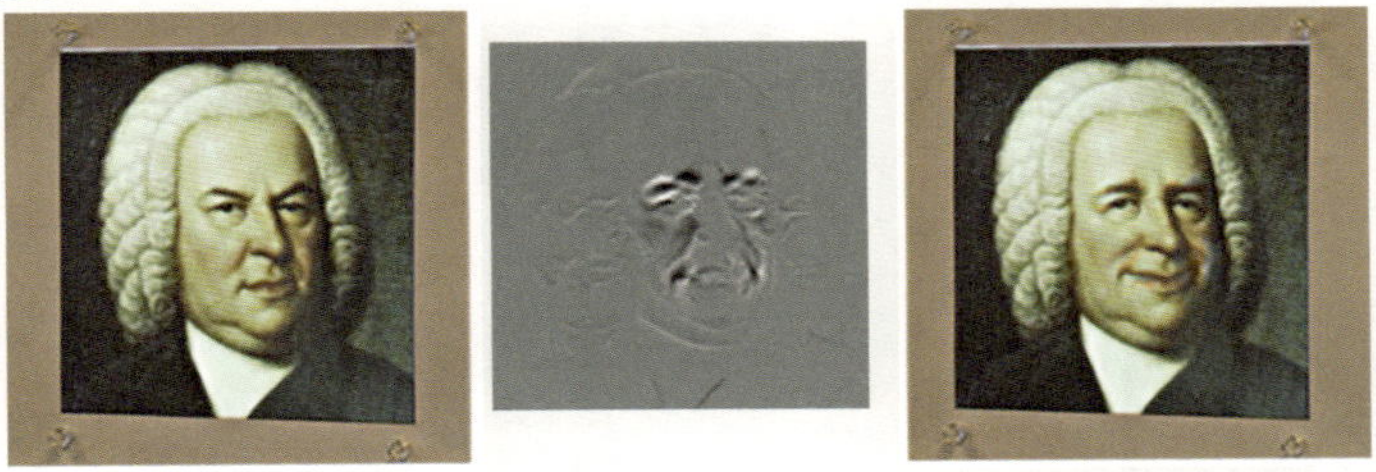

a 投影前　b 投影される映像　c 投影後

もちろん、錯覚を用いなくとも、元の対象の見た目を「動かした後の見た目」で完全に置き換えるような光を与えれば、同様の効果を得ることはできる。しかし、この方法では暗所で強い光を当てる必要があり、対象の自然な風合いを大きく損なってしまう。変幻灯では、人間の視覚の科学的理解にもとづき、必要最小限の光で動きの知覚を引き起こすことで、より自然なかたちで動きの効果を与えられるのである。

この変幻灯はすでに商用化されており、広告や芸術分野における新しい動きの表現手法として活用が進んでいる。

3Dと2Dの同時視聴を実現する映像生成技術「Hidden Stereo」

人間は左右の目に映る情報の空間的なずれ（視差）を利用して、奥行きを感じている。いま最も普及している3D映像は、視差を含む2枚の画像ペアを画面上に重ねて表示しており、3Dメガネを通すことで初めて左右の目に画像が分離されて届く。したがって、3Dメガネをかけずに従来のステレオ画像を見ると、2枚の画像が重なってボケてしまい不快な視聴体験を生んでしまう。このため、3Dで視聴したい人と、メガネをかけずカジュアルに視聴したい人が同じ場所で映像を楽しむことはできなかった。

NTTは、変幻灯と類似の錯覚

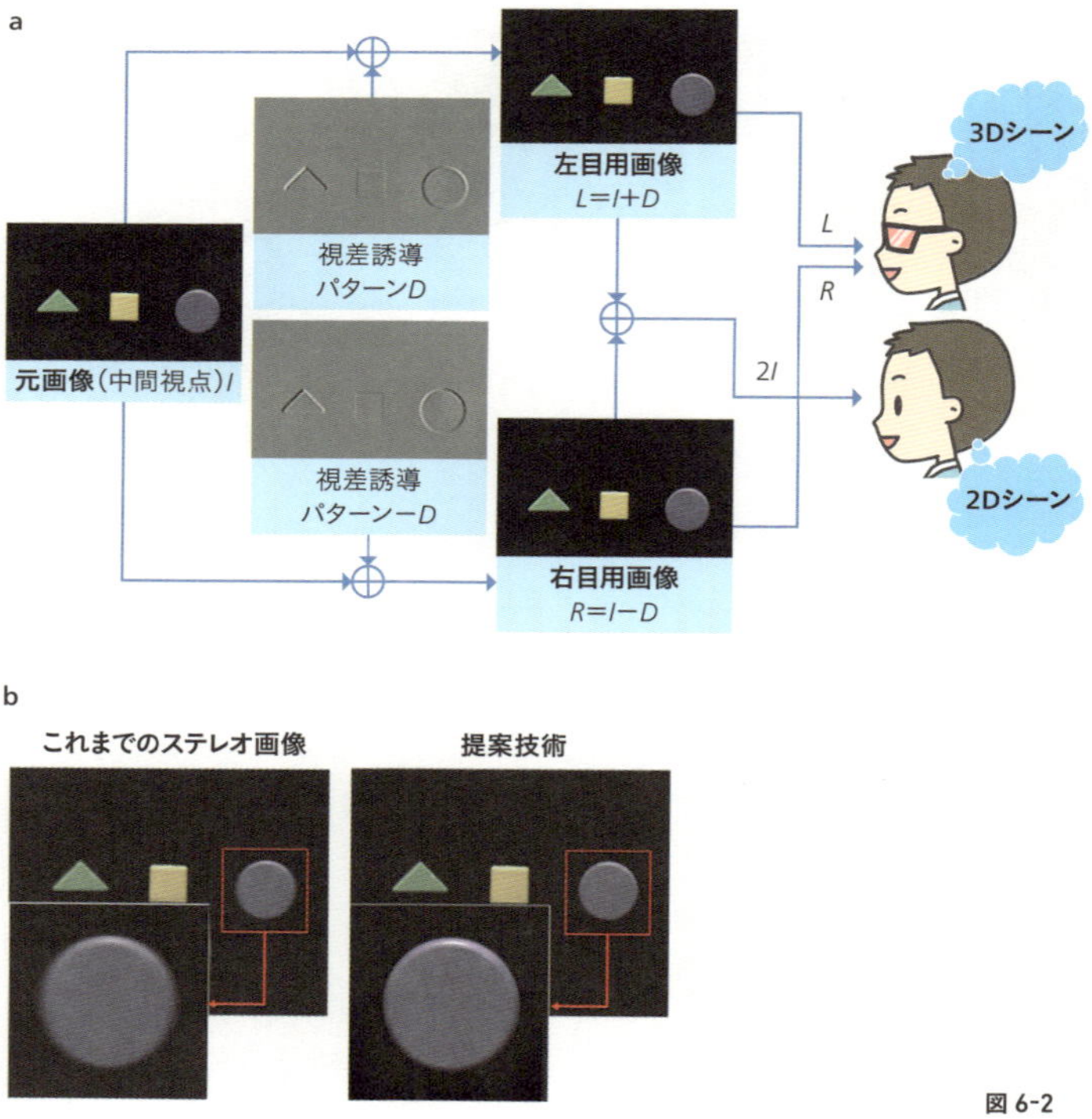

図 6-2

を利用することで、こうした問題を解決できるステレオ画像生成技術「Hidden Stereo」を開発した。変幻灯では、パターンを足すことで動きの情報を与えていたのに対し、Hidden Stereoでは、パターンを足すことで視差情報を与える。具体的には、1枚の元画像に対し、視差を誘導するパターンを加算することで左目用の画像を、同じパターンを減算することで右目用の画像を生成する（**図6-2a**）。このとき、パターンを加算するときと減算するときとで、元画像がずれる方向が逆向きになるように上手く工夫がなされている。これにより、左右画像間には視差が生まれ、3Dメガネで見たときに奥行きを感じることができる。メガネをかけずに見ると、2枚の画像が重なり合って視差誘導パターンの成分だけが打ち消され、元の画像だけがクリアな2D画像として楽しめる、というわけだ（**図6-2b**）。

人の視覚系は、左右の画像間における明暗の空間的な変化の周期のずれ（位相差）をとくに敏感に検出する仕組みを備えており、これが視差の手がかりとなって奥行きを感じる。じつは、視差誘導パターンは元画像に加算・減算することで位相差を生むようにできている。こうしてできたステレオ画像は、シーンを2視点から見たときの物理的に正しい画像とは異なるが、人の視覚系にとってはほとんど違いが感じられない。Hidden Stereoは、人の視覚系を理解し、人が奥行きを感じるのに最低限必要な情報以外を削ぎ落とすことで実現できた技術といえる。

Hidden Stereoを活用すれば、映画館や家庭の3Dテレビ等で3Dと2Dのハイブリッドな視聴体験を提案できる。また、変幻灯のように視差誘導パターンだけを投影すれば、実空間の表面上に3D情報を埋め込むこともできるようになるだろう。

NTTでは、このような情報提示技術等への応用を視野に入れつつ、今後も基礎的な科学の発展に寄与していく。

04

Cybersecurity
セキュリティ

予防的・機動的な対策で広範な領域を守る

近年、サイバー攻撃はますます巧妙化するとともに大規模化するリスクも発生しており、セキュリティ対策の重要性は加速度的に高まっている。いまやクラウド化の進展や、ＩｏＴによりネットワークにつながる機器が爆発的に増加したことによって、攻撃されうる対象も増えたため、企業は単にサイバー攻撃の進化に追いつくだけでなくさまざまな角度からの攻撃に備える必要も生じている。こうしたニーズの拡大ゆえに、サイバーセキュリティの世界市場は、２０２４年まで年率11％という高い割合での成長が見込まれている[1]。

これまでのサイバー攻撃は主に情報の流出や改ざんを意味していたが、高度に発達したネットワークやＩｏＴ機器への攻撃は現実世界で大きな事故を引き起こす可能性もある。たとえばコネクテッドカーが乗っ取られたり、ドローンを用いた配送ネットワークや病院の治療システムが攻撃されたりすれば、人命にかかわるような事態が起きるなど、甚大な被害が

[1] Grand View Research "Cybersecurity Market [2014-2024]"

生じかねない。このような被害を最小化していくために、攻撃に耐えるだけでなく、予防的なセキュリティ対策が重要となりつつある。

予防的・機動的な防御に向けて

こうした課題に対応すべく、現在サイバーセキュリティにおいては、予防的な防御に向けた研究が進みつつある。よく知られた攻撃であるＤＤｏＳ攻撃（Distributed Denial of Service attack、分散型サービス拒否攻撃）を考えてみよう。これは、ネットワークを通じた攻撃手法の一種で、標的となるコンピュータに複数のマシンから大量の処理負荷を与えて、サービス停止などに追い込む手法だ。従来の防御法としては、サーバ／ネットワークの分散化やパケットフィルタリングなどがあった。また、脆弱な端末が乗っ取られてＤＤｏＳ攻撃に利用されるのを防ぐために、アンチウィルスソフトなどで端末を守ったうえで、スキャンツールなどで対処不足の端末を検出するといったことも行われてきた。しかし、攻撃側は攻撃の物量を増やしたり、未知の脆弱性を突いた攻撃や、フィッシングのようにユーザーを介した攻撃で端末に侵入したりと、さまざまな手段でこうした対策を回避してくる。

そこで求められるのが、予防的な防御である。予防的な防御では、機械学習などを用いてシステムログなどを分析し、攻撃の手法や被害の実態を早期に把握し迅速に対応することで、被害を緩和して攻撃に備えるなど、より機動的に攻撃に対処することが可能となる。

２０１５年、マサチューセッツ工科大学のステファニー・ギルらは、ワイヤレスネットワークの信号を解析して端末の物理的な位置情報を洗い出すことにより、1台の端末が複数の端末になりすまして評価値などを操作する「シビル攻撃」を検出できることを示した。[2] これは、なりすまし端末の検出が、攻撃が実際に行われるよりも前に可能であることを示唆するものだ。

また、2018年、オーストラリアのラ・トローブ大学のアベベ・アベシュ・ディロらは、ディープラーニングを用いた攻撃検知システムを大規模なネットワークに分散して展開する手法を提案している。[3] この研究は、ディープラーニングを活用することで攻撃検知システムの拡張性を担保したまま防御性能を向上させるもの。こうした研究により、たとえばスマートシティのIoTネットワークなど、規模が大きなネットワークにおいても、予防的防御に資する自動的かつ高性能なパトロールが行われる可能性を拓いた。

[2]『Autonomous Robots』Vol.41で発表された論文（Stephanie Gil et al.,"Guaranteeing Spoof-Resilient Multi-Robot Networks"）。

[3]『Future Generation Computer Systems』Vol.82で発表された論文（Abebe Abeshu Diro et al.,"Distributed attack detection scheme using deeplearning approach for Internet of Things"）。

IoTやモビリティ分野、社会インフラ、そして人まで、広範な領域を守る

私たちNTTが構想するIOWNにおいても、セキュリティは極めて重要な意味を持つ。実際、5Gによる高速なモバイルネットワークは、スマートな世界を実現する一方で、これまでネットにつながっていなかったさまざまな機器が接続されることにより、新たなサイバー攻撃を生みだしうるだろう。それゆえ、従来培ってきた技術を応用しながら先進的なセキュリティの実現を目指している。なかでも注力しているのが、「防御対象の拡大」「予防的

な対策の充実」「暗号技術」の3つの取り組みである。

1点目の「防御対象の拡大」は、従来のIT領域だけでなくIoTやモビリティなどの現実空間により密接な攻撃、さらに人を標的とした攻撃にも対応するべく、サイバー攻撃の正確な検知や効率的な対処の実現を目指すものだ。より現実空間に密接な攻撃に対する主な取り組みとしては、コネクテッドカー時代の到来を見越したモビリティ向けセキュリティ技術や、プラント設備などの産業用制御システム分野向けのセキュリティ技術が挙げられる。

たとえば三菱重工業株式会社とのコラボレーションでは、社会基盤などで使われている産業用制御ネットワーク向けの攻撃検知対処技術の開発が進んでおり、発電所や公共交通機関といったよりパブリックな領域のセキュリティに資するとして期待されている。対象機器の運転状態ごとに、リアルタイムに適用するセキュリティルールを変更することで異常を早期に発見するものであり、可用性を維持しながら、未知のサイバー攻撃にも迅速に対応することが可能になるだろう。

これらの新たな取り組みを支えるセキュリティ技術として、私たちは、サイバー・フィジカル・セキュリティ技術の研究に取り組んでいる。この技術では、前述したような私たちの暮らす実社会（物理空間）にも直接的におよび、生命や財産を損なわせる恐れのある攻撃を対象とするため、その検知や対応について従来のサイバー攻撃対策技術と比してより高い即時性と正確性の達成を目指している。また、サイバー空間とフィジカル空間とが密接に連携することにより系全体が複雑化するため、攻撃の手口も複雑化、巧妙化していくことが想定される。そうした複雑系における攻撃や被害の発生メカニズムの解明にも取り組んでいる。

また、人を標的とした攻撃に対する取り組みとして、ユーザブル・セキュリティ＆プライバシーと呼ばれる、人が利用することを考慮したセキュリティ技術のあり方についても議論を重ねている。ＩＣＴシステムだけを対象とするのではなく、ＩＣＴシステムを利用する人に着目してその認識や挙動を理解し、セキュリティ技術を誰もが理解して活用可能とすることで、多面的にセキュリティを強化しようと試みている。

予兆を検知し、事前に対策をとる

「予防的な対策の充実」に向けて、私たちは①攻撃手法の分析・対処、②攻撃予兆の検知・対処、③悪性サイトの発見・対処、などの活動を実施している。

①では、「ハニーポット」と呼ばれる「おとり」のシステムを用いて脆弱性への攻撃や最新のマルウェア検体を収集し、ＩＯＣ[4]を迅速に作成して、従来のアンチウィルスソフトでは検知できない攻撃をいち早く検知できるようにしている。

②では機動的な事前対策を目的とし、ＮＴＴ-ＣＥＲＴ[5]にてダークウェブなどの情報[6]や連携している組織からの非公開情報なども幅広く収集・分析・展開している。

③では、存続寿命の短い悪性サイトをサイトプロービング[8]により発見し、リアルタイム性の高いブラックリスト[7]を作成することで、通常のブラックリストより高精度な検知を可能

[4] 感染活動の挙動を検知するための定義ファイル。

[5] ＮＴＴグループのコンピュータセキュリティインシデントに対応するための専門チーム。

[6] サイバー犯罪に関する非公開情報。

[7] 感染端末に攻撃指令を出すＣ２サーバ等のこと。

[8] サイトの綿密な調査。

にすることに取り組んでいる。

膨大な量の情報を扱うメガキャリアでもあるＮＴＴにとって、サイバーセキュリティが極めて重要な領域であることはいうまでもない。人々の安心・安全を守るというニーズに応えると同時に、来るべきスマートな世界そのものを守るためにも、サイバーセキュリティの一層の強化が求められている。

予防的・機動的な防御を支える暗号技術

3点目の「暗号技術」は、先に述べた「防御の拡大」と「予防的な対策の充実」を支え、データの保護と安全な利活用を実現するための基盤技術である。私たちは30年後のコンピューティング環境を見据えて暗号研究を推進している。一例としては、将来実現するであろう量子コンピュータ時代の暗号の安全性を確保する耐量子暗号や、プログラムの処理内容を解析不能にし、ソフトウェアの知的財産を保護する暗号学的プログラム難読化などの先進的な暗号理論の研究に取り組んでいる。

また、安全なネットワークを支えるべく、データの生成・流通・分析のエンドツーエンドで、データの保護およびデータを安全に利活用可能とする技術開発を推進している。たとえば、低機能な端末から高機能なサーバまで統一的な暗号通信を実現する暗号通信プロトコルや、データを暗号化したまま計算できる秘密計算技術、個人を特定できないようにパーソナルデータを加工する匿名化技術など、安心・安全なデータ流通基盤を支えるデータ保護技術、プライバシー保護技術の研究に取り組んでいる。

〔ケーススタディ❼〕

大規模フロー分析によるボットネット検知基盤「Piper」

インターネットの脅威に立ち向かう

近年、インターネットの普及により利便性が向上する一方、インターネットを悪用するサイバー攻撃が頻繁に発生するようになっている。攻撃者はインターネット上にボットネットと呼ばれる基盤を構築し、DDoS攻撃やネットワークスキャンなど多様な悪性活動を実施している。これらのさまざまな攻撃を検知し、セキュアなインターネット環境を守るのが、私たちが開発しているボットネット検知基盤「Piper」の役割である。

IoT機器の普及とともに広がるボットネットの脅威

ボットネットとは多数の悪意あるプログラムに感染した端末（ボット）が接続されたネットワークのことで、インターネットを介してC2サーバからの指示を受け攻撃を行うというもの。近年では、脆弱なIoT機器を中心に感染が拡大したことで、ボットネットが大規模化し、結果としてDDoS攻撃の規模も巨大化し、インターネットにおけるサービス事業者にとって大きな脅威となっている。

ボットネットは自身の拡張や進化、検出回避のため、絶え間なく変化し続けており、その構成は時間と共に複雑化している。ボットネット発の攻撃を防止するためには、このような大規模化・複雑化するボットネットの活動の全体像（**図7-1**）を把握することが必要に

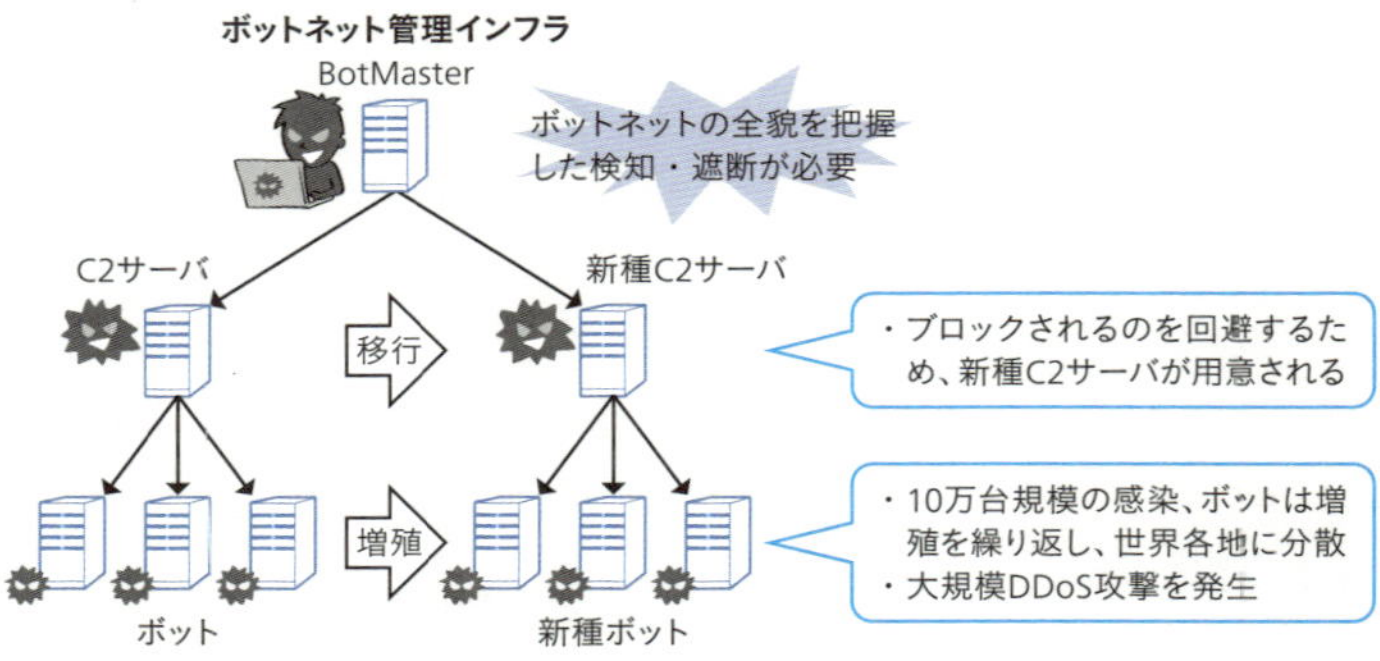

図 7-1 | ボットネットの活動の全体像

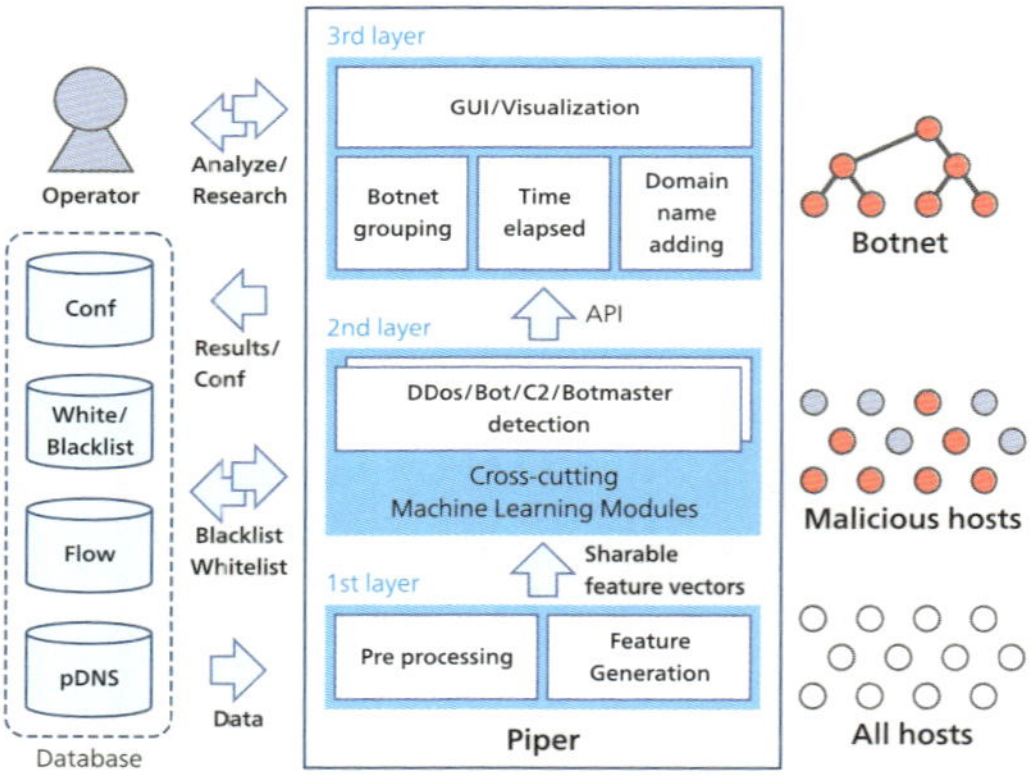

図 7-2 | Piperの機能構成図

なる。

こうしたボットネットの脅威に立ち向かうため、NTTでは、海外のグループ会社とも連携しながら、現地にてPiperの研究開発を進めている。ボットネットの通信は大量の正常通信に隠れがちであり、単純な検知ルールでの抽出は容易ではない。そこで、私たちは機械学習による検知を適用して研究を進めている。

3つの層

Piperは、大規模ネットワークから準リアルタイムで機械学習分析を可能とする3階層の構成（**図**

7-2）から成る。

第1階層はフロー情報からの特徴量抽出を担っており、高速なトラフィック処理を実現するとともに、NTTのボットネットに関するノウハウを詰め込んだ特徴量を抽出する。第2階層は複数の機械学習検知モジュールで構成されており、どのモジュールも検知結果の解釈性の高い説明可能なアルゴリズムを採用していることから、検知結果の妥当性を確認できる。また、各モジュールは追加・変更が容易な構成であり、新たな機械学習モジュールの導入などを容易に実現できる、拡張性の高い構成となっている。第3階層は、検知結果の可視化モジュールであり、検知したボットネット構成要素をグラフ表示することで、ボットやC2サーバなど、各構成要素間の経路を含め、階層化されたボットネットの全容も見ることができる。

次に、階層ごとに詳細を説明しよう。

フロー情報から取得できる情報は5タプル（送信元IPアドレス、送信先IPアドレス、プロトコル番号、送信元ポート番号、送信先ポート番号）が中心の限られた情報だが、Piperの第1階層ではフロー情報から500次元以上の特徴量を抽出する。そのなかから複数の観点で多くの特徴量を抽出することに成功している。

たとえば、通信サイズに関する特徴では、ボットは定期的にC2サーバと疎通確認のため一定サイズのパケットを送出することを念頭に設計。また、地理的な距離にもとづいた特徴については、ボットネットに関する通信は地理的な関連性に乏しいという可能性を考慮して設計している。すべての特徴量はNTTのボットネット挙動に関するノウハウが反映されており、既存研究に対して高精度でボットネット構成要素を検知できるという実験結果を得ている。

通常、セキュリティ・オペレーションにおいては、検知した結果が「なぜ検知されたのか」を把握し、誤検知の可能性、影響度を判定したうえで、対策を決定する。一方で、機械学習による検知結果は、必ずしもそれらの情報が付与されるわけではない。機械学習のアルゴリズムによっては、検知結果は正しくても、検知に有効に働いた特徴量を把握できないことがある。

そこで、Piperの第2層で採用する機械学習手法は、NTTで独自に考案した「半教師あり学習」「教師なし学習」アルゴリズムを含め、結果の解釈性を示すアルゴリズムにより、オペレーションに活用できる検知情報を提供している。

また第3層では、機械学習で検知された結果について、ボットネットとしてどの程度アクティブに活動しているか、実際のサービスへの影響はどの程度なのか把握するために、通信の状況をグラフ表現で可視化（**図7-3**）する。可視化した結果、新たなボットネットの活動が疑われるノードに関して、ドリルダウンにより追加分析することも可能だ。

これまで見てきたように、Piperを使用することでボットネットの活動を観測できるようになってきたが、今後は、セキュリティ・オペレーションにおける運用をより効率化するために、検知したボットネットの影響を推定する手法、ボットネットが実際に活動しているかどうかを能動的に観測する手法などの検討を進めていきたい。

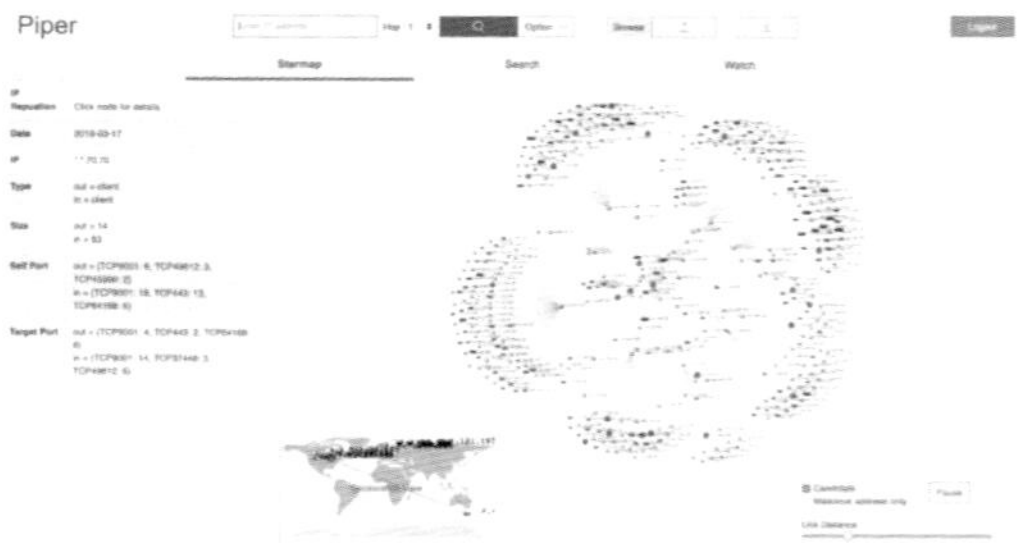

図7-3｜Piperの可視化事例

〔ケーススタディ❽〕

サイバー攻撃対策技術連携プラットフォーム「LRR」

日々進化するサイバー攻撃に備える

近年、サイバー攻撃による被害が深刻な社会問題となっているが、その原因の多くはマルウェアと呼ばれる不正なプログラムによるものだ。発見されるマルウェアは増加の一途を辿っており、攻撃者のとる手法は日々進化している。攻撃者に遅れることなく対策を行うために、現場では最先端技術の迅速な実用化が求められる。また、標的型攻撃と呼ばれる攻撃の件数も年々増加しており、高度な対策技術が不可欠だ。標的型攻撃は、特定の組織を狙って攻撃が行われるため攻撃の観測が困難であり、対策技術を創出するには、現場でしか得られないデータやノウハウを何らかのかたちで収集することが必要不可欠となる。

サイバー攻撃への迅速な対応

このような状況を踏まえ、NTTでは「最先端技術の創出と迅速な実用化」と「現場で得られたデータ・ノウハウの活用」を目的とした基盤となるサイバー攻撃対策技術連携プラットフォーム「LRR」の開発を進めている。

LRRには、アクセスするとマルウェアに感染する悪性サイトの検知・解析に役立つURL検査機能、ドメイン名の悪性度やカテゴリを分類するドメイン名解析機能、マルウェアに感染した端末の発見に活用可能な情報を提供するIOC（Indicator of Compromise）

提供機能などを備える。

これらの機能は、NTTの最先端の研究開発成果を組み合わせて実装したもので、オペレータやシステムですぐに利用可能なGUI（Graphical User Interface）とAPI（Application Programming Interface）があり、迅速に実用化に結びつけることができるのが特長だ。

また、実運用環境のデータや、セキュリティアナリストからの検査依頼やフィードバックを受け付け、蓄積された情報はシステムの検知精度向上やユーザビリティ向上のための研究開発に活用している。

URL検査とドメイン名解析

次に、LRRが提供する各機能について説明しよう。代表的なサイバー攻撃の1つに、ウェブサイトの改ざんによる悪性サイト化がある。これを防ぐためにも、SOC（Security Operation Center）の監査によってウェブサイトが改ざんされたことや、どこが改ざんされたのかを速やかに特定する必要がある。しかし、近年は攻撃の手口が巧妙化しており、これらの特定が困難になっている。さらに、その特定にはHTMLやスクリプトなどの大量のコンテンツを手動で解析する必要があり、膨大な時間と手間がかかっていた。

これに対応するURL検査機能では、「ハニーポット」「機械学習」「コンテンツ分析」といった複数のR&D技術を駆使し悪性サイト化されたウェブサイトを自動で特定する。また、SOCのアナリストに対してGUI解析ツールを提供し、改ざん部分の特定を支援。GUI解析ツールを活用することで、コンテンツ間の関係やサイト構造の可視化、自動特定した悪性コンテンツのハイライトにより、コンテンツの「どの部分」が「なぜ」怪しいのかの分析を行える。

また、現在のインターネットにおいて欠かせないものにドメイン名がある。これは、通常のインターネットで利用されるだけでなく、サイバー攻撃を行うためのインフラでも悪用されているのが現状だ。具体的には、攻撃者は日々新たなドメイン名を用意してマルウェアを配布するほか、正規のサービスに類似するドメイン名を用意してユーザーを騙すフィッシングを実施したり、マルウェアを操作するための指令（Command and Control：C&C）サーバを運用してDDoS攻撃やスパムメール送信および情報摂取に代表されるサイバー攻撃に利用したりしている。

そこで、ドメイン名解析機能では、ドメイン名レピュテーション技術によりドメイン名の悪性度を多角的に評価し、攻撃者によって悪用されるドメイン名を特定する。また、ドメイン名カテゴライズ技術によって、ドメイン名が生成された経緯や状況を捉え、各悪性ドメイン名に対し実施すべき対策を客観的に提示する。なお、これらの技術ではNTTが独自に蓄積したセキュリティインテリジェンスを活用している。

感染の痕跡のパターン化と悪性ウェブサイトの解析

標的型攻撃などにより、マルウェアの侵入を未然に防ぎ切ることが難しくなりつつある現状において、端末内に残る感染の痕跡（IOC）を見つけ出すことで監視を行うEDR（Endpoint Detection and Response）も重要な技術だ。

NTTでは、EDRで用いることができる、検知能力の高いIOCの自動生成技術の研究開発にも取り組んでいる。具体的には、収集したマルウェア検体をNTTの最先端のマルウェア解析技術で解析し、そのマルウェアに仕込まれた悪性挙動を網羅的に抽出して、挙動後に残る痕跡をパターン化することで検知能力の高いNTT独自のIOCを生成する。

攻撃者の手法は日々進化しており、NTTでは上記に挙げた技術以外にも多数の対策技術の研究開発を推進している。一例として、システムではなくユーザーの心理的な弱みに付け込んで攻撃する悪性ウェブサイトのインテリジェンスの収集、活用にも取り組む。引き続き、LRRにこれらの新たな技術を搭載することで、最先端の研究開発成果の迅速な実用化に取り組んでいきたい。

05 Information Processing Infrastructure

情報処理基盤

実世界の事象をリアルタイムに運ぶインフラへ

ＡＩやＩｏＴなど多くの分野で技術革新が進み、これまでできなかったことが数多く実現しつつある。ソフトウェア面のテクノロジー進化が目を引くが、実用化していくうえではそれを支えるハードウェアの存在が必須だ。そのため、現在、世界中でさまざまな先端テクノロジーを下支えする情報処理基盤の開発が加速している。なかでもＡＩチップ市場の成長が著しく、2025年までは年率40％という急速なスピードで市場規模が拡大していくとの予想もある。[1] 同様に、ＡＩと同じくさまざまな分野での活用が進められているＩｏＴにおいても情報処理基盤の重要性は高まっている。

ＡＩチップ市場の急速な成長により、実世界に対面しながら状況を認識し、自律的な対処を行うＡＩデバイスがさまざまに導入されるだろう。まずは単体で状況認識から対処までを行う

[1] Allied Market Research, Global Artificial Intelligence Chip Market, 2018-2025

ＡＩデバイスが開発されるだろうが、単体で観測・対処できる範囲には限りがあるため、やがて高速なネットワークを介して複数のＡＩデバイスがリアルタイムに協調するようになるだろう。

このようにして、実世界と対面する高度なＡＩデバイスがネットワークにつながりながら動作するようになると、実世界のあらゆる事象をリアルタイムにデータ化し、流通させ、1つひとつのデバイスに閉じることなく社会全体でタイムリーに対処できるようになる。たとえば、道路上に障害物が発生したら、自動運転車はよけると同時に、障害物の存在を周辺に通知する。通知を受信した車両は経路を変更する、といったことが可能になるだろう。

このような世界を実現するには、実世界のさまざまな事象（モノの状態、イベントの発生など）をデジタル化し、流通させるための「インフラ」が必要となる。私たちＮＴＴはこのインフラを実現するための研究開発を進めている。

光電融合技術によるポストムーアの演算効率化

実世界のさまざまな事象のデジタル化は、カメラを含むセンサ技術の発展とセンサ出力をＡＩ分析する技術の発展によって実現されるだろう。どのように事象を捉えたいかはケースバイケースなので、それに応じてセンサ出力をＡＩ分析する必要がある。したがって、膨大な演算量のＡＩ分析タスクに対応する演算インフラが必要となる。しかし、ムーアの法則は終焉を迎えつつあり、サーバの演算効率をこれ以上、上げることは難しい（**図1**）。

この壁の克服につながると期待されるのが「光電融合技術」である。これまでコンピュータ内のデバイス間データ転送路は電気で実現されてきたため、物理的制約から転送路をさらに長くすることができず、また転送制御の関係から、いま以上に多くのデバイスを接続することが困難であった。光電融合技術によりデバイス間のデータ転送路を光に置き換えれば、これまでのデータ転送レートを保ちながら転送路を延ばすことができ、より多くの演算デバイスを高い転送効率で結び、飛躍的に演算能力を向上させたコンピュータを実現できる（**図2**）。

さらに、光電融合技術によりデバイスのデータI／Oが光となれば、複数コンピュータによる分散コンピューティングにおいても、NIC（Network Interface Card）経由

図1｜ムーアの法則の終焉[2]

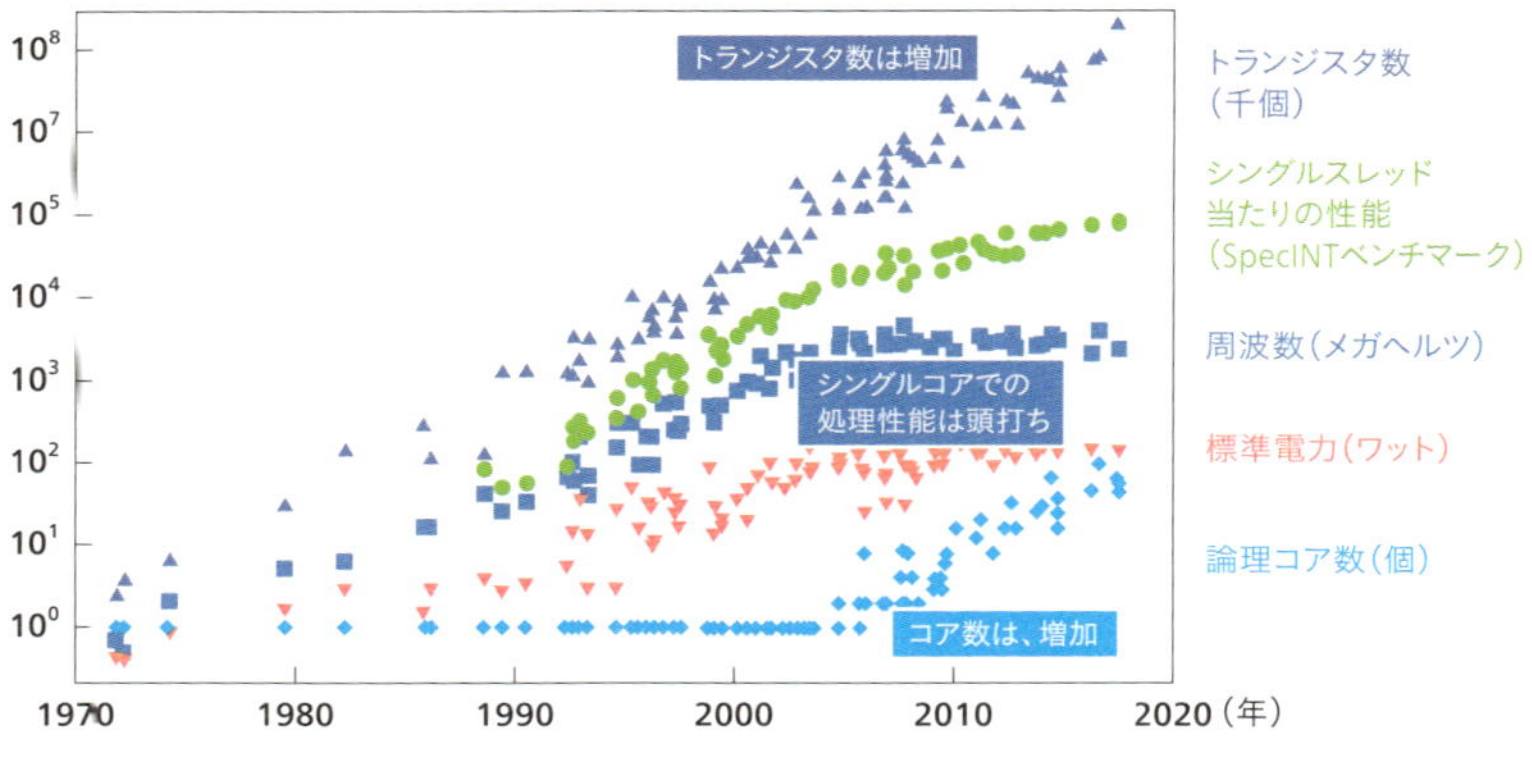

出典: https://github.com/karlrupp/microprocessor-trend-data

[2] 2010年までのデータとその図示は、M. Horowitz, F. Labonte, O. Shacham, K.Olukotun, L.Hammond, and C. Battenによって実施された。2010-2017年のデータとその図示は、K. Ruppによって実施された。この図は、クリエイティブコモンズライセンス4.0に基づき、提供されている。オリジナルの図に対して、翻訳とコメントを付加した。

ではなくデバイスからデバイスへ直接的に光でデータを転送することが可能となる。これにより、ラックやデータセンターをまたいでも演算リソースの共有が可能となり、インフラ全体での演算効率が大幅に向上するだろう。

トランジスタがラジオをポケットサイズにして消費電力も大幅に縮めたように、光電融合技術はコンピュータ、クラウドを大幅にコンパクト化するだろう。

NTTでは、このようなコンピューティングインフラの革新を実現するために、「光インタコネクト技術」「光分散HPC技術」「AI推論タスク高密多重技術」の研究開発を進めている。

図2 | データ伝送の伝送レートと距離

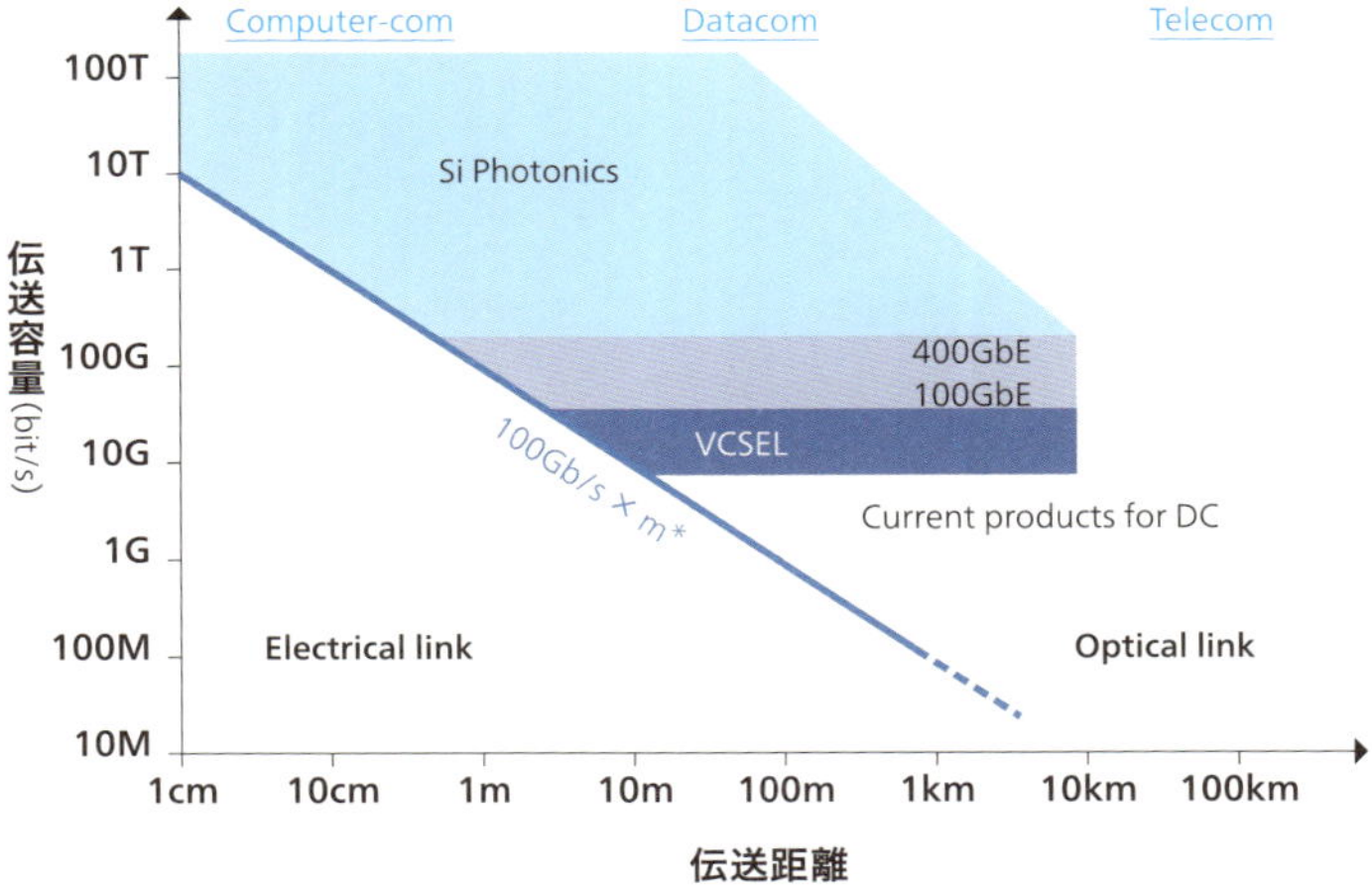

Krishnamoorthy, et al., JSTQE2011

秒／サブ秒オーダーのデータフローの実現

また、実世界の状況変化にタイムリーに対応できるように、データの発生場所から分析場所へ秒／サブ秒でデータが届くようなデータの流れを実現する必要がある。しかし、データ量が膨大で、発生場所も散在しているため、これを実現することは容易ではない。

たとえば交通では、将来、路上の数百万オーダーにおよぶコネクテッドカーの情報（位置、速度、目的地など）をリアルタイムに更新、参照、集計を行うようになるだろう。ＧＮＳＳ（全球測位衛星システム）によって位置測位の精度が高まれば、それに応じて更新頻度も桁違いに上げる必要がある。膨大なデータ更新処理に耐えるには、交通量の地理的偏りにも適応しながら効率的な負荷分散を実現する必要がある。ＮＴＴはこの課題に応える「高速時空間データベース技術」を開発している。

また、商業ビルのリアルタイムな人口ヒートマップや温度・湿度マップは、商業ビルのオーナーだけでなく、流通店舗、空調管理会社、警備会社など、さまざまな事業者の分析アプリに有効である。その際、データ発生場所は商業ビルごとのため広域に散在しており、分析アプリもさまざまな事業者ごとに散在するため、散在するデータ発生場所から散在するデータ分析場所へ遅滞なく新鮮なデータを伝える仕組みが必要となる。ＮＴＴはこの課題に応えるため、「iChie データハブ」を開発している。

イジング型計算機による組み合わせ爆発への対応

実世界のさまざまな事象についてのデータが生成され、任意の分析場所から利用可能となれば、これまで困難だった検知・予測・最適化が可能となる。このためには、多くの変数を入力とした予測、最適化演算を行うことになるが、扱う変数が多くなると、検知や予測のためのモデルの生成や最適化演算が指数的に困難になる。

たとえば渋滞緩和のために車両移動の全体最適化や乗り合いバスのオンデマンド運行を実現するためには、エリアにおける車両の位置情報と目的地、道路のレーンごとの車両台数、工事情報、周辺イベント情報といった交通環境にかかわる情報や、人の移動需要（現在地と目的地）と希望到着時刻、乗り合いバスの位置情報など、さまざまなデータを掛け合わせて経路最適化・巡回経路生成を行う必要がある。ありうる乗り合いグループや経路の組み合わせ数が膨大すぎて、現在のコンピュータで最適な組み合わせを求めるのは困難である。ＮＴＴは、この課題に応えるため、既存のコンピューティングとは異なる新たなアプローチとして、光パラメトリック発振器（OPO: Optical Parametric Oscillator）という特殊なレーザ発振器を用いたイジング型計算機「ＬＡＳＯＬＶ」（CS⓭）を開発している。

情報処理基盤は、まだ解決すべき課題が多く残されている。現在の技術が直面している限界を超えなければ、ＡＩやＩｏＴによって思い描いている世界を実現することはできない。

だからこそ、私たちがつくり出そうとしている新たな情報処理基盤は、スマートな世界を支えていく「インフラ」として必要不可欠なものとなっていくのである。

［ケーススタディ❾］

AI光インターコネクト技術

ポストムーア時代に活躍する

数十億、数兆個のIoTデバイスがネットワークに接続される時代になれば、これまでとは桁違いな量のリアルワールドデータが得られ、従来では考えもつかなかった驚きや感動を与えるアプリケーションが実現できる……これを実現するためには、この桁違いな量のデータを現実的な時間で処理できる、従来の常識を大きく超える演算能力を実現しなくてはならない。NTTの持つ光通信技術を活かし、求められる高い演算能力を実現する技術が、光インターコネクトである。

大量のデータを高速に分散処理

電力密度の制限などによりムーアの法則が限界に近付き、LSIプロセス微細化とともに単体プロセッサの能力が毎年向上し続ける時代が終わりつつあるいま、常識を超える演算能力をLSI単体の能力に頼らず実現できる、「ポストムーア技術」が必須となる。

IOWN時代には、端末やエッジサーバからデータセンタまで、数多くの演算リソースが広帯域の光通信で接続されるようになるが、この光により高速に繋がれた多数の演算リソースを協調させることで、演算を加速することがポストムーア技術として期待されている。

このポストムーア技術の先行的なトライアルとして、NTTがこれまでに光通信用として研究開発を続けてきた高速プロトコル技術・通信処理回路技術を活用し、情報処理システムの性能向上をもたらす光インターコネクトを開発した。

今回、アプリケーションとしてAIに注目し、自動運転やゲノム解析などといった大量のデータを複数のサーバで分散して処理を行う「分散深層学習」の高速化を目指した。AIの学習速度には、複数サーバ間での学習結果共有に要する時間が大きく影響するが（**図9-1**）、学習結果の共有を高速化するために次の工夫を行った。

学習結果の共有時間の高速化

第1の工夫のポイントは学習処理を行うGPUと光インターコネクトをより密接に結び付けるGPU-光インターコネクト間ダイレクト通信にある。既存のコンピュータでは、サーバ間通信を実行するにあたり、サーバ内で演算を行うデバイスとサーバ間の通信を担う光インターコネクト用デバイスの間でのデータ授受

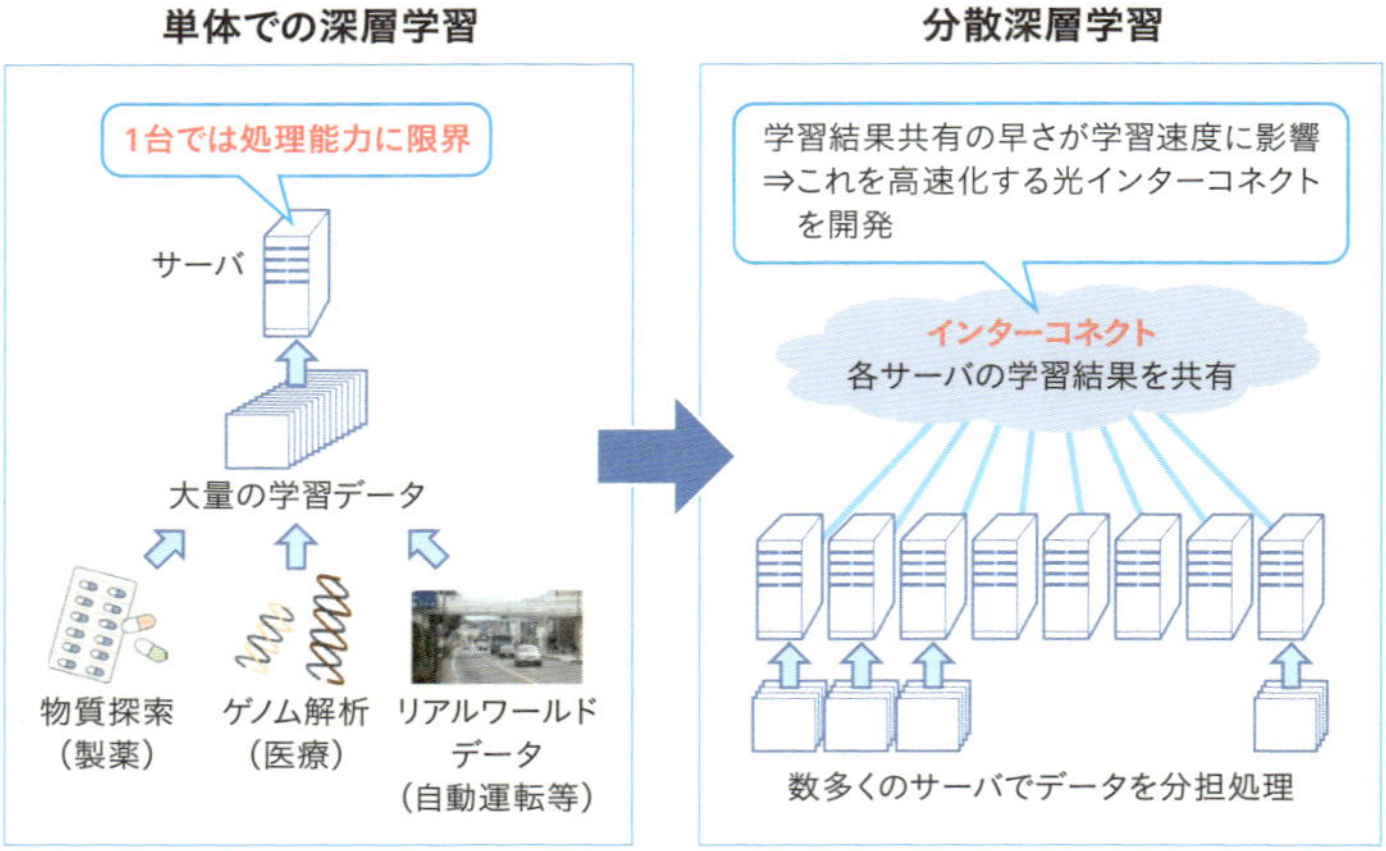

図 9-1

が必然的に発生する。この両者をいかに密接に結びつけ、両者間のデータ授受に要する時間を少なくするかが通信高速化に大きな影響を与える。そのため、CPUやメインメモリを介することなく、学習処理を行うGPUと光インターコネクト用デバイス間で直接データ授受ができる構成とすることで、伝送遅延を削減した。

第2に複数サーバでデータ共有を行う「集団通信」に適したプロトコルと通信アーキテクチャを構築した。複数サーバ間のデータ共有には、単なるサーバAからサーバBへのデータの伝送ではなく、「複数サーバの演算結果を足し上げる」「すべてのサーバに同じ結果のコピーを配布する」「すべてのサーバのデータを一か所に集める」といった、特定の処理とデータ伝送を組み合せたデータ共有方法が用いられ、これを「集団通信」と呼ぶ。この「集団通信」を高速化することで、複数のサーバでの協調演算の性能向上を図ることができる。

今回、最初のアプローチとして、分散深層学習の処理の多くを占める「各サーバが持つデータをすべて集約、加算し、加算結果をすべてのサーバに分配する」という、Allreduceと呼ばれる集団通信（**図9-2**）の高速化を目指した。

具体的な手法として、各サーバをリング状に接続、データを隣のサーバに送りながら加算していくことで、全サーバのデータを集めてから加算するよりも加算処理時間を短縮、さ

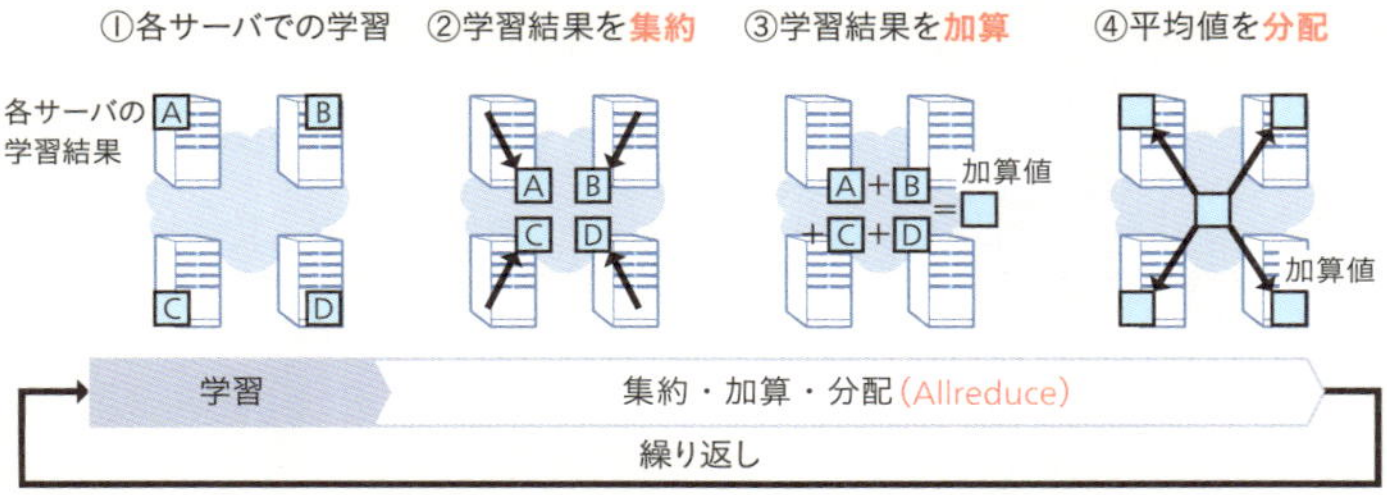

図 9-2

らにこの加算済みデータをリングの逆回りルートで分配することで、加算と分配を並行して実施できる構成とした（**図9-3**）。また、通信プロトコルもそれに特化したシンプルなものとし、プロトコル処理遅延も削減した。

さらに第3のポイントとして、データ共有処理を専用のハードウェアで高速に実行するアクセラレータ回路を開発した。ポイント2で説明した加算およびプロトコル処理を、光通信と同等の超高スループットで処理できるアクセラレータ回路により、集団通信を極めて高速に実行できる構成とした。

未来の情報処理システムの基盤技術として

本技術を用いた装置と、現在用いられている市販品で最速の構成[1]との性能比較を行った結果、4台のサーバ（1台当たり1GPU）を接続した場合においては、通信のために生じる演算待ち時間（通信オーバーヘッド）が84%以上削減され（**図9-4**）、学習速度が7%向上

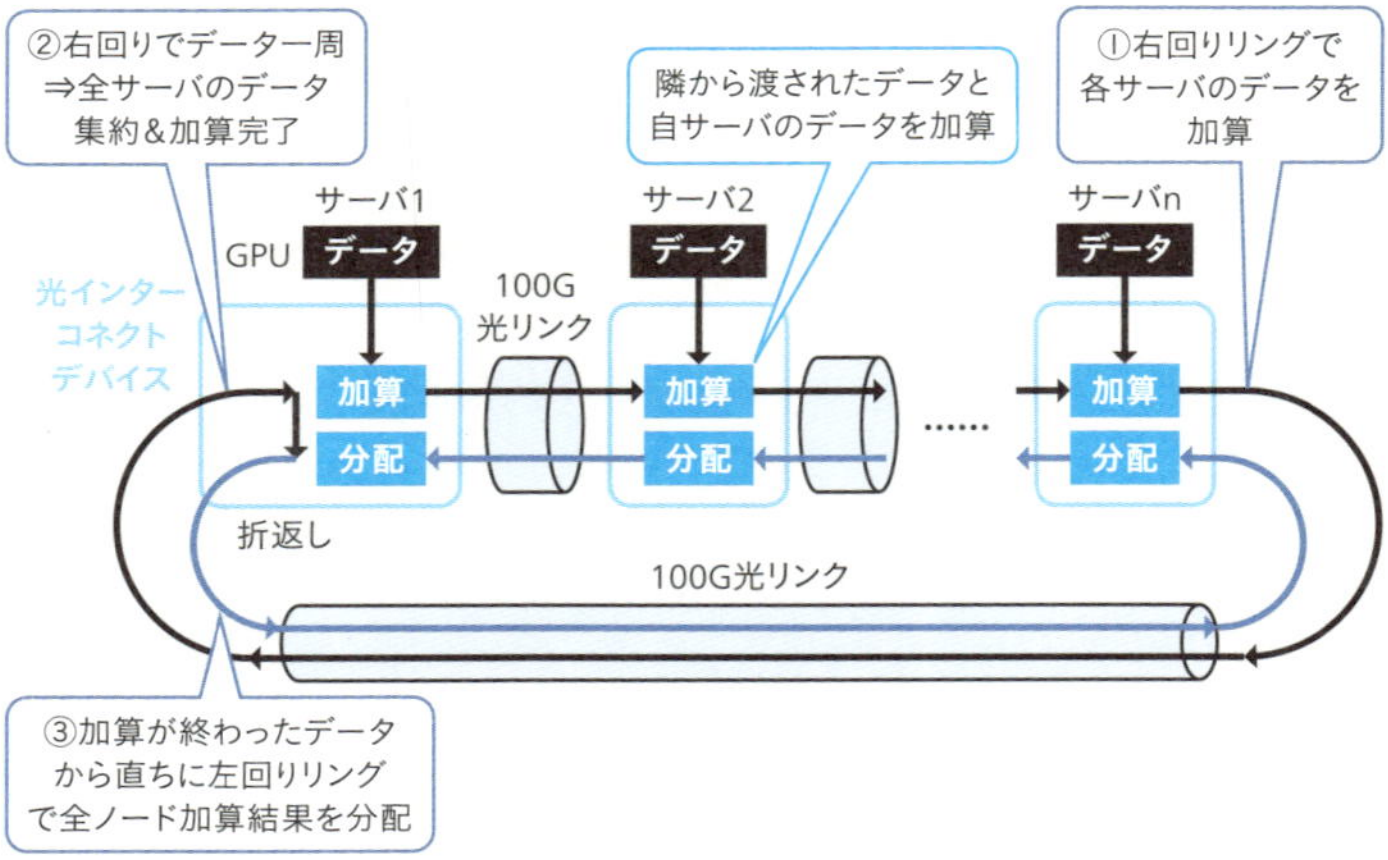

図 9-3

することを確認した。[2] この測定結果をもとに、GPU台数を増やした場合の見積もりを行うと、32GPU利用時に40%以上学習速度が向上する見積もりが得られた。[3]

今後は、この技術をAI学習を行うデータセンタに導入することで、自動運転・遺伝解析・気象予測など、大量のデータを扱うAI学習処理の高性能・低消費電力化を目指す。

さらに将来、ポストムーア時代に向け、ネットワークにつながれた多数のリソースを協調させて性能向上を図る、将来の情報処理システムを実現する基盤的技術として、今回、開発した技術をAI以外の広い範囲に応用・発展させていく。

[1] 100Gbit/s InfiniBand + 市販最新GPUの組み合わせ
[2] データセット：Imagenet、学習モデル：ResNet50、サーバ4台、1GPU／サーバでの実測
[3] サーバ4台、8GPU/サーバでの見積もり

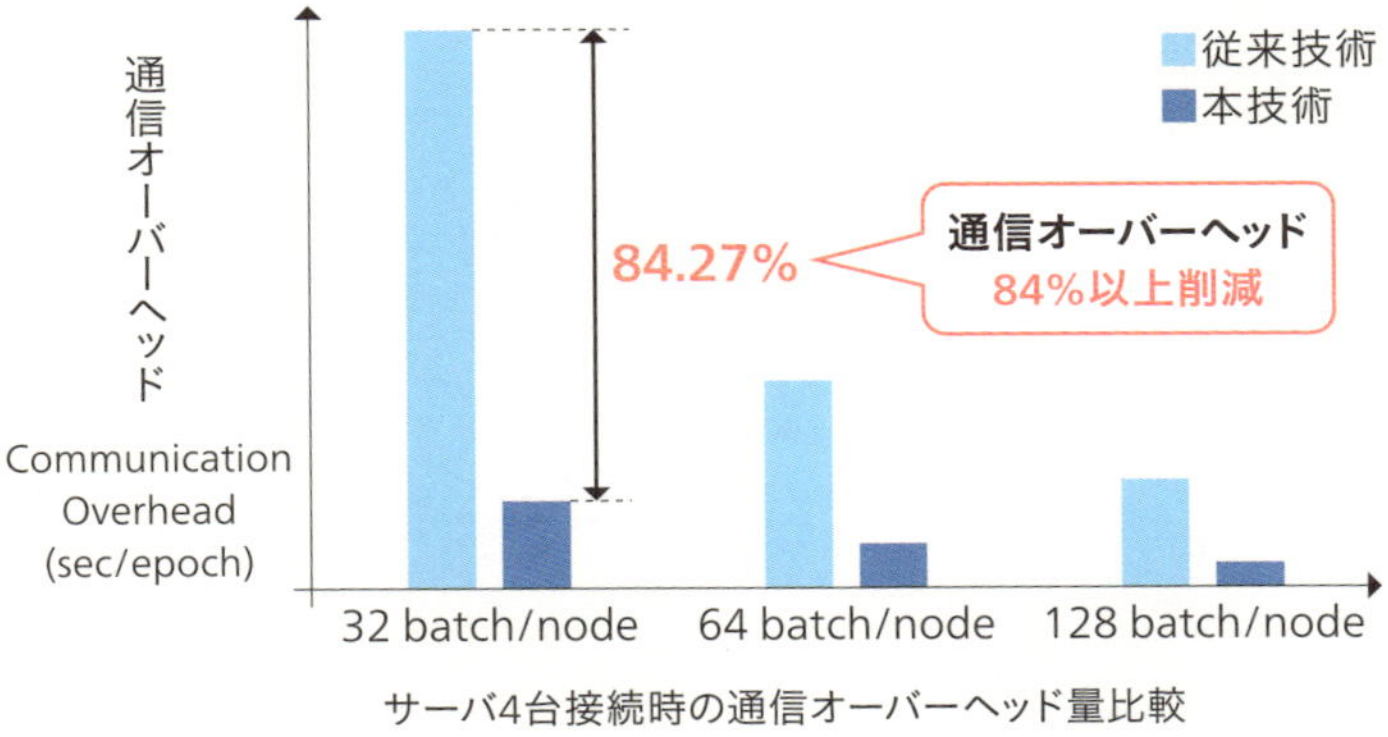

図 9-4

06

Network

ネットワーク

ポスト5Gを見据え、高速・低消費電力・低遅延を実現

我が国では現在、2019年9月にプレサービスが開始された5Gネットワークを活用するアイデアが数多く語られている。通信ネットワークは社会基盤に不可欠なものとして常に進化を続けており、テクノロジーの進化にともない世界のネットワーク市場も着実に拡大している。文字通り世界中の国の人々がネットワークでつながり、さらにIoT機器の増加、コネクテッドカーの導入など「つながる」モノの増加にともない、ネットワークに対する要求もますます高まっていく。

これからのネットワークには、いったい何が求められているのだろうか。総務省は2030年までに次の条件を満たすネットワークが必要だと発表している。[1]「大容量化」「省電力化」「超低遅延」「柔軟性・高弾力性」「高効率データ流通」「安全・信頼性」の6つだ。

[1]「将来のネットワークインフラに関する研究会」報告書。

これら6つの条件は、ネットワークが私たちの社会の真の「インフラ」となりえるためには不可欠の条件ともいえる。こうした要求を満たすための主要課題として、いま多くの研究機関が「ネットワークの高速化」と「ネットワーク制御の高度化」という2つの方向から、研究開発を進めている。

技術革新により、より少ないコストで効率的にデータを流通させる

「ネットワークの高速化」とは、文字通り大容量のデータを高速かつ低遅延で送受信できるネットワークの構築を意味する。もちろん、ネットワーク設備を増強していけばトラフィックの増大があっても高速なネットワークは構築できるが、設備に要するコストと物量、そして消費電力の観点からとても現実的とはいえない。そこで、いま世界では空間多重技術や波長多重技術などの高度な光伝送技術の開発により、ネットワークの高速化と設備の小型化を目指している。

また、各企業や研究機関の開発競争が過熱する一方で、複数の企業が協力しながら新たなネットワークを構築する事例も増えつつある。GoogleやFacebook、Microsoftなど大手テック企業を筆頭に、単に自社でネットワークを構築するのではなく、さまざまな企業の知見を活かしながら「コミュニティ」として開発を進めていくこともトレンドの1つといえる。

他方で、ますます大容量かつ多様化するトラフィックを前にして、ネットワークの機能そ

のものを高度化していかなければ、増加する負荷と多様化する通信要求に応えきれなくなる恐れがある。そこで現在、エッジコンピューティングやネットワークの仮想化、ネットワークの最適化、AIを用いた自動的なオペレーション、無線技術の高度化など、さまざまな方向から、より多様な要求に柔軟に応えられるネットワークの構築が試みられている。流通するデータの量が加速度的に増えていくなか、より少ないコストで効率的にデータを流通させていくためにも、ネットワーク制御の自動化の研究は今後もますます盛んになっていくだろう。

革新的なネットワークに向け先手を打つ

すでに広範なネットワークインフラを有している私たちNTTも、積極的に新たなネットワークの構築に取り組んでいる。迅速で効率的なICTリソースの配備を行う「コグニティブ・ファウンデーション」を軸に私たちが展開するのが、多様かつ大量のリソース要求に応えられるクラウドネイティブな社会基盤となるネットワークだ。先進的なネットワークをいち早く実用化すべく、私たちは現在、革新的無線アクセス／ポストIPアーキテクチャ技術の確立に着手している。さらに、各国の研究機関と同様に、さらなる長距離大容量光通信技術の研究も進めている。こうした要素技術の研究を着々と進めながら、同時に多くのパートナーと協力することで次世代ネットワークのための「コミュニティ」形成を進めているところだ。

社会基盤としての新たなネットワークを支える技術を開発するうえで、たとえば私たちは次世代アクセスサービスや高精度測位技術の研究に取り組んでいるほか、ＭａａＳを題材として、ネットワークのフィージビリティ検証を早期に行う予定である。センチメートル単位での精度を実現する高精度測位技術は、今後、コネクテッドカーやＩｏＴ機器を通じてリアルタイムで精密な情報を処理していくうえで、大きな付加価値を生みだせるだろう。ネットワークを単なる通信ネットワークとして見るのではなく、スマートな世界のインフラ／社会基盤として捉えなおすことで、そこに新たなサービスが生まれる可能性をも見出すことができる。

「テラバイト」から「ペタバイト」へ

前述のとおり、私たちは先進的光技術による革新的ネットワークを見据えた研究に取り組んでおり、多岐にわたるネットワーク技術の開発を進めている。たとえばその1つとして挙げられるのが、人手を介さずに自らの判断で機動的に論理構成を変化させ、目的を達するネットワークの「知能化」だ。ネットワークはＡＩと融合することで、いわば、自律的に機能する存在へと姿を変えていくのかもしれない。

そのほかにもエッジコンピューティングに適した新たな通信方式や1テラバイト級の無線、

1ペタバイト級の光伝送など、従来のネットワークを遥かに上回る超大容量トランスポートの開発、光パスの柔軟な利用を可能とする波長セレクタ技術、光ファイバを新たな社会インフラセンサとして利用する光ファイバ環境モニタリング技術の取り組みも進めている。

こうした要素技術の開発や新たなユースケースの検討と並んで、私たちはオープンソースソフトウェア（OSS）エコシステムを活用したインフラソフトウェアの開発維持やインテグレーション検証も進めている。加えて、既存ネットワークの「オール光化」（オールフォトニクス化）を端末まで進めてより高速かつ安全なネットワークをつくるなど、これまでのインフラを維持しつつ改良していくと同時に、新たなコミュニティとそのインフラを紐付けることでさらにネットワークを進化させようとしている。

スマートな世界の実現を目指していくうえで、ネットワーク技術は極めて重要な意味を持つ。いま多くの人々は5Gネットワークによるイノベーションに期待しているが、私たちはさらにその先を目指した、より高速かつ高度なネットワークの実現に向けてすでに動き始めている。NTTがつくり出す革新的なネットワークは、国境も産業も問わず、あまねくプレイヤーをつなぎ合わせて、これからのスマートで豊かな社会に必須のインフラとなっていくだろう。

［ケーススタディ⑩］

空間分割多重用光ファイバ

オールフォトニクス・ネットワークの動脈を担う

インターネットトラフィックは年率30～50％の割合で増加しており、2020年代の後半には、光ファイバの容量が限界になるといわれている。これを克服する手段として、「時間で分割して多重」「波長（周波数）で分割して多重」するという技術はすでに使われているが、新たに「空間で分割して多重」することによって、さらに大容量化を可能にする研究がトレンドになっている。

IOWNの基盤であるオールフォトニクス・ネットワークにおいて、光ファイバはネットワークの動脈ともいうべき存在であり、非常に重要な基幹技術の1つである。私たちは、この空間分割多重用光ファイバの研究で世界をリードし、IOWNの構築を加速していく。

断面積あたりの空間多重密度が100倍

これまでは、1本の光ファイバに1つだけの光の通り道（コア）を通し、1つのコアで1種類の光（モード）だけを伝送していた。これに対して、1本の光ファイバに複数のコアを通すマルチコア光ファイバや、1つのコアで複数の光（モード）を伝送するマルチモード光ファイバを使うことができれば、空間分割多重が実現できる。

マルチコア光ファイバでは、隣り合うコア間で光信号が混信するのを防ぐことが重要な課題となる。私たちは、コアの配置と隣接コア間の距離を最適にすることで、現在の光ファイバとほぼ同じ伝送特性を持ちながら、空間多重の密度を最大化する設計を可能にした。これまでに10を超えるコア多重の実現性を確認している。

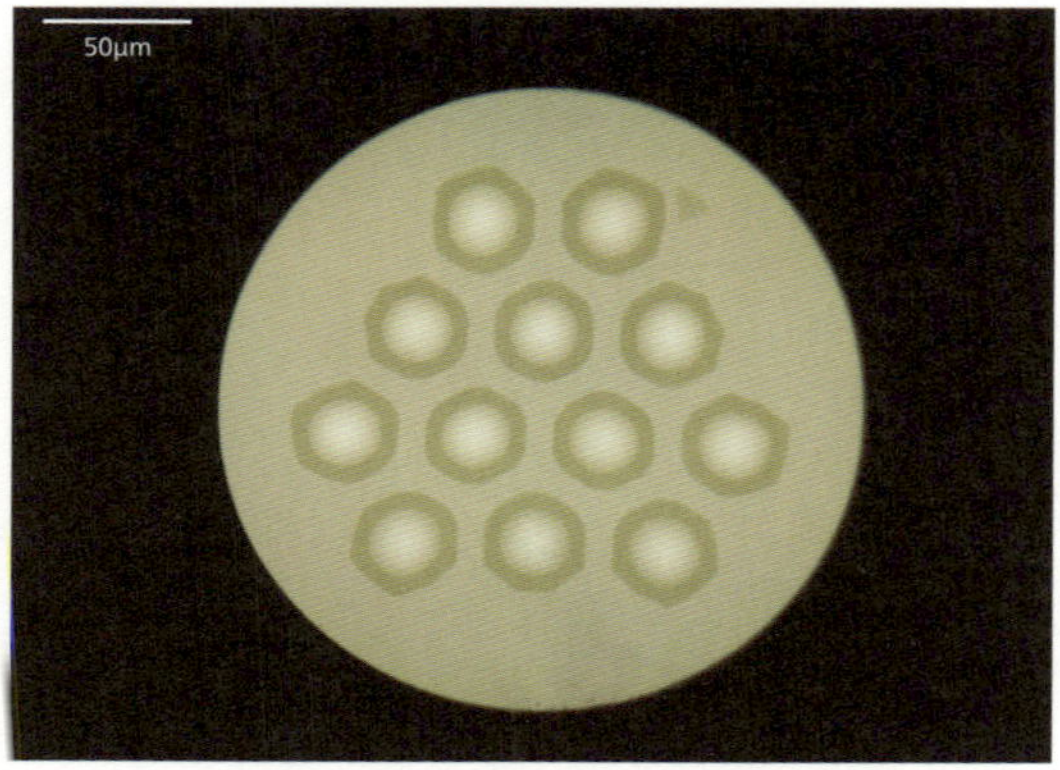

図 10-1

またマルチモード光ファイバでは、光の進む速度がモードによって異なるため、受信側での光信号処理が複雑化したり、伝送距離が著しく制限されたりしてしまうという問題が生じる。そこで私たちは、コアの構造（半径方向の屈折率変化）を最適にすることで、1つのコアで10種類のモードを伝搬するマルチモード光ファイバを設計できるようにした。

さらに、マルチコアとマルチモードを併用した、マルチモード・マルチコア光ファイバが実現できれば、空間的な多重度を飛躍的に向上できる。私たちは、これまでに培った設計指針を活用し、世界最高となる120（＝12コア×10モード）の空間チャネルを持つマルチモード・マルチコア光ファイバの設計・作製に成功した（**図10-1**）。このマルチモード・マルチコア光ファイバは、断面積あたりの空間多重密度においても、これまでの光ファイバの100倍超に到達しており、文字どおり従来の100倍を超えるポテンシャルが実現できることを実証している。

ペタビット級光伝送システムの導入に向けて

図10-1のマルチモード・マルチコア光ファイバの直径は約220μmで、これは現在の光ファイバの直径（125μm）の2倍弱に相当する。光ファイバは、比較的大きな寸法の円筒状のガラス（母材）を作製し、これを溶かして延ばすことにより製造されている。たとえば、直径10cm、長さ2mの母材を用いた場合、長さ1000km超、直径125μmの光ファイバを製造できる。しかしながら、光ファイバの直径が2倍になると、製造可能な長さは1／4に減少してしまう。

そこで私たちは、マルチコア光ファイバを現在の光ファイバと同じ太さにするための検討も推進している。直径の寸法が同じになれば、現在の光ファイバと同じ工程やコネクタ部材を使うことができ、より経済的かつ効率的に新しい光ファイバが導入できる、というわけだ。

これまでに私たちは、標準の直径で4つのマルチコアを有する光ファイバの実現性を明らかにした（**図10-2**）。このマルチコア光ファイバを用いた300km超の伝送路を、世界で初めてマルチベンダで接続することに成功。さらに、大陸間の海底光通信に相当する10000km伝送を可能とするために、低損失かつ隣接コアの混信を極限まで減らした4コア光ファイバの実現性も明らかにしてきた。

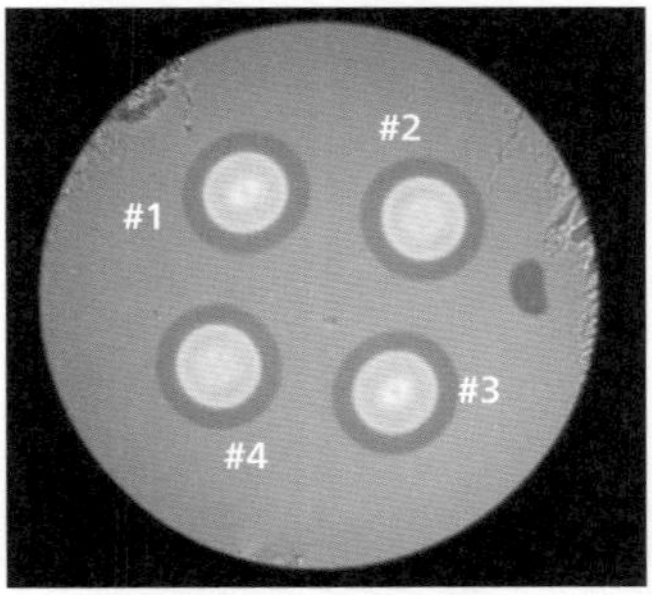

図10-2

今後は将来のペタビット級光伝送システムの導入へ向け、製造のしやすさと空間多重の効率とを両立する空間分割多重用光ファイバの技術を研究開発していくとともに、標準化活動にも注力していく方針である。

[ケーススタディ⑪]

光フロントエンド集積デバイス技術

オールフォトニクス・ネットワークの光信号の送受信を担う

ＩｏＴや５Ｇサービスなど新しい情報通信サービスの普及にともない、通信トラフィックは今後も増え続けることが予測されている。光通信ネットワークにおいてさらなる大容量化を経済的に実現することが求められており、そのためには光信号を送受信する光インターフェースの小型高密度化と、光信号１波長あたりの伝送容量を増大させることが不可欠となる。

そうしたなかＮＴＴは、光フロントエンド集積デバイスとして超小型のコヒーレント用光送受信器（Coherent Optical Sub Assembly：ＣＯＳＡ）を開発。さらに、アナログ多重により、従来システムの１０倍となる１波長あたり毎秒１テラビットの長距離伝送に成功した。これらは、ＩＯＷＮのオールフォトニクス・ネットワークの伝送ネットワークを支えるコア技術となる。

世界最小レベルの光送受信器の開発

シリコンフォトニクス技術は、大規模集積回路（ＬＳＩ）を生産するＣＭＯＳ製造技術を用いた高い経済性と、微細加工技術による高い集積性を光通信用デバイスに適用し、光インターフェースの抜本的な小型化と経済化を実現する技術である。

私たちはこの技術を、デジタルコヒーレント光伝送技術に用いて光フロントエンド集積デバイスとして開発することに早くから取り組み、コヒーレント用光送受信器として提唱している。

　デジタルコヒーレント光伝送に必要な光フロントエンド機能は、光信号を送信する光変調器とドライバ、および光信号を受信するコヒーレント受信器とTIA（Transimpedance amplifier）によって構成される。従来、これらの機能はそれぞれ異なる材料とパッケージにより個別の部品としてつくられ、互いに光ファイバや電気配線によって接続して用いられてきた。

　NTTが開発を進めるシリコンフォトニクス技術は、光変調器、コヒーレント受信器をシリコンフォトニクスチップに1チップ集積し、ドライバ、TIAとともに1つのパッケージ内に集積（**図11-1**）することで、より小型で高度に集積されたCOSAの実現を可能にした。従来必要であった光ファイバ、電気による接続や個々の部品のパッケージが1つに集約されることにより、経済的なデバイスが実現できる。

　私たちは、このシリコンフォトニクス技術を用いてCOSAのさらなる小型化と高速化の開発を進め、世界最小レベルのサイズと1波長で毎秒400ギガビット容量の光信号速度に対応するCOSA（**図11-2**）の実現に成功した。光デバイスにLSIの経済的な実装技術であるBGA（Ball Grid Array）パッケージを採用して大幅な小型化を実現するとともに、NTTが独自に蓄積してきた光回路設計技術により、次世代光ネットワークの伝送速度である毎秒400ギガビットの光信号送受信を通信インフ

図11-1｜シリコンフォトニクス技術によるCOSA機能ブロック図

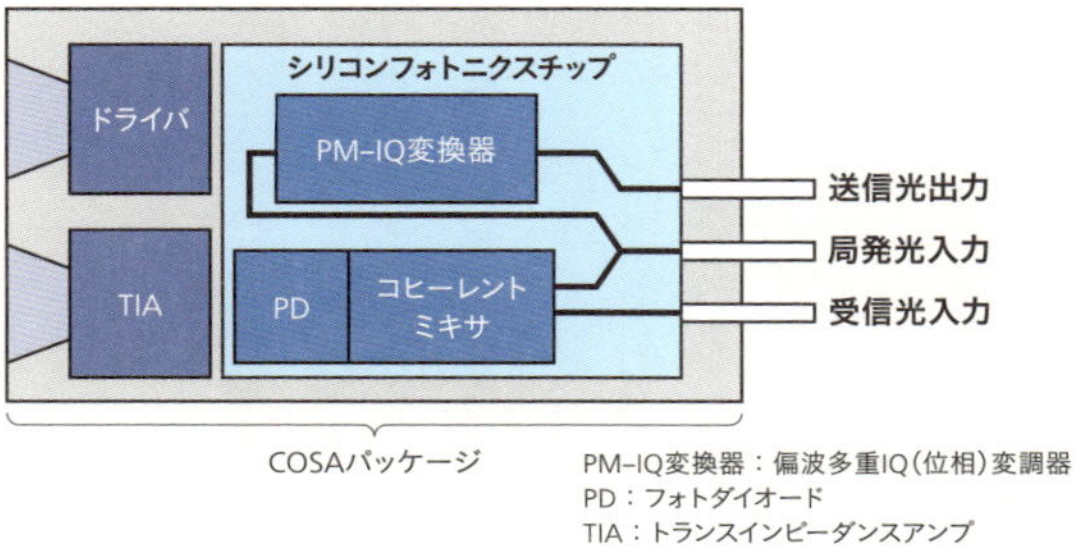

PM-IQ変換器：偏波多重IQ（位相）変調器
PD：フォトダイオード
TIA：トランスインピーダンスアンプ

ラとして求められる高い信頼性で実現したのである。

　このCOSAは次世代の最も小さいサイズの光トランシーバ規格（QSFP-DD、OSFP）にも対応し、オールフォトニクス・ネットワークへ向けて今後ますます伝送信号の大容量化と経済化が求められるであろう、中・短距離伝送ネットワークに適用可能な技術として期待される。

図11-2｜COSAモジュール

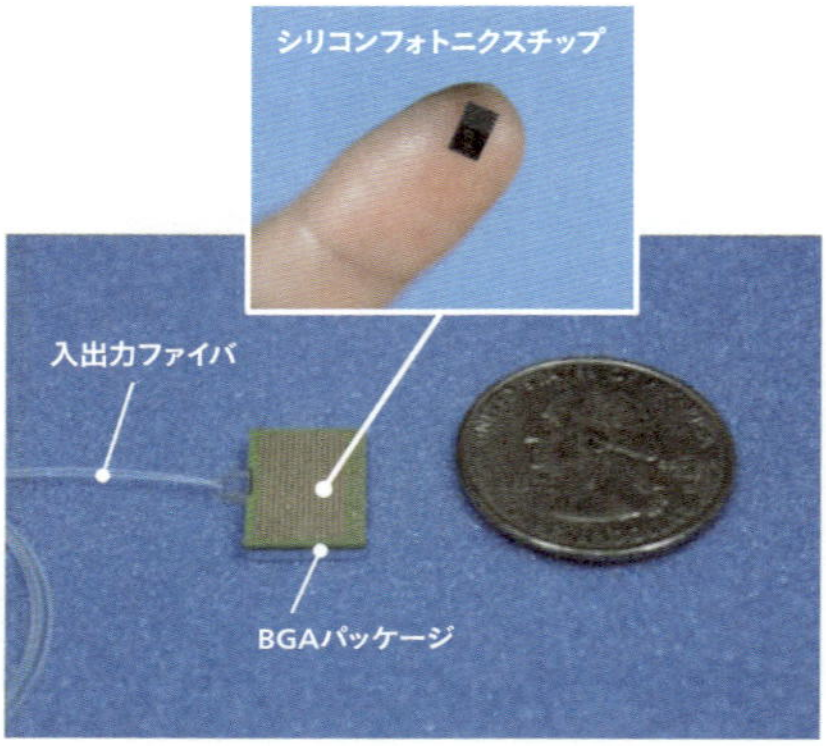

毎秒1テラビットの長距離伝送

　将来の革新的ネットワークの実現へ向けて飛躍的に伝送容量を拡大するためには、信号のシンボルレート[1]を上げ、1シンボルあたりの変調多値度を上げることで、1波長あたり毎秒1テラビット容量の光信号を複数波長多重した長距離光伝送の実現が望まれる。

　1波長あたりの伝送容量を拡大するためには、シリコンCMOSによる半導体回路の速度限界や実装によるデバイス間の超高速信号劣化を克服する必要がある。これまで私たちはアナログ多重（AMUX）[2]を用いてシリコンCMOSの速度限界を打破する高速光伝送の新技術である帯域ダブラ技術[3]を使った光伝送方式、ならびに集積デバイスの研究開発を進めており、100ギガボー（100Gbaud、光波形を1秒間に1000億回切り替えて情報を伝送）を超えるシンボルレートの光信号生成に成功している。

さらに伝送容量をあげて1波長あたり毎秒1テラビットに到達しようとすると、光多値信号の品質をあげる必要があり、そのためには光フロントエンド回路部の不完全性（信号経路長差や信号経路による損失ばらつきなど）を抑える技術や、各要素デバイスのさらなる広帯域化技術が必要になる。

私たちは独自の多値信号の高精度校正を可能とするデジタル信号処理技術および超広帯域な光フロントエンド集積デバイス技術（**図11-3**）により、1波長あたり毎秒1テラビットを長距離伝送する波長多重光伝送実験に世界で初めて成功した。光フロントエンド回路部に私たちが開発したInP（リン化インジウム）HBT[4]技術を用いて集積化したAMUXチップ（**図11-4a**）を用いることにより、120ギガボーのシンボルレートを実現し、また高精度校正技術により変調多値度の高い高品質なPDM-PS-64QAM[5]光信号生成。これを35波長多重して800kmの伝送に世界で初めて成功した。

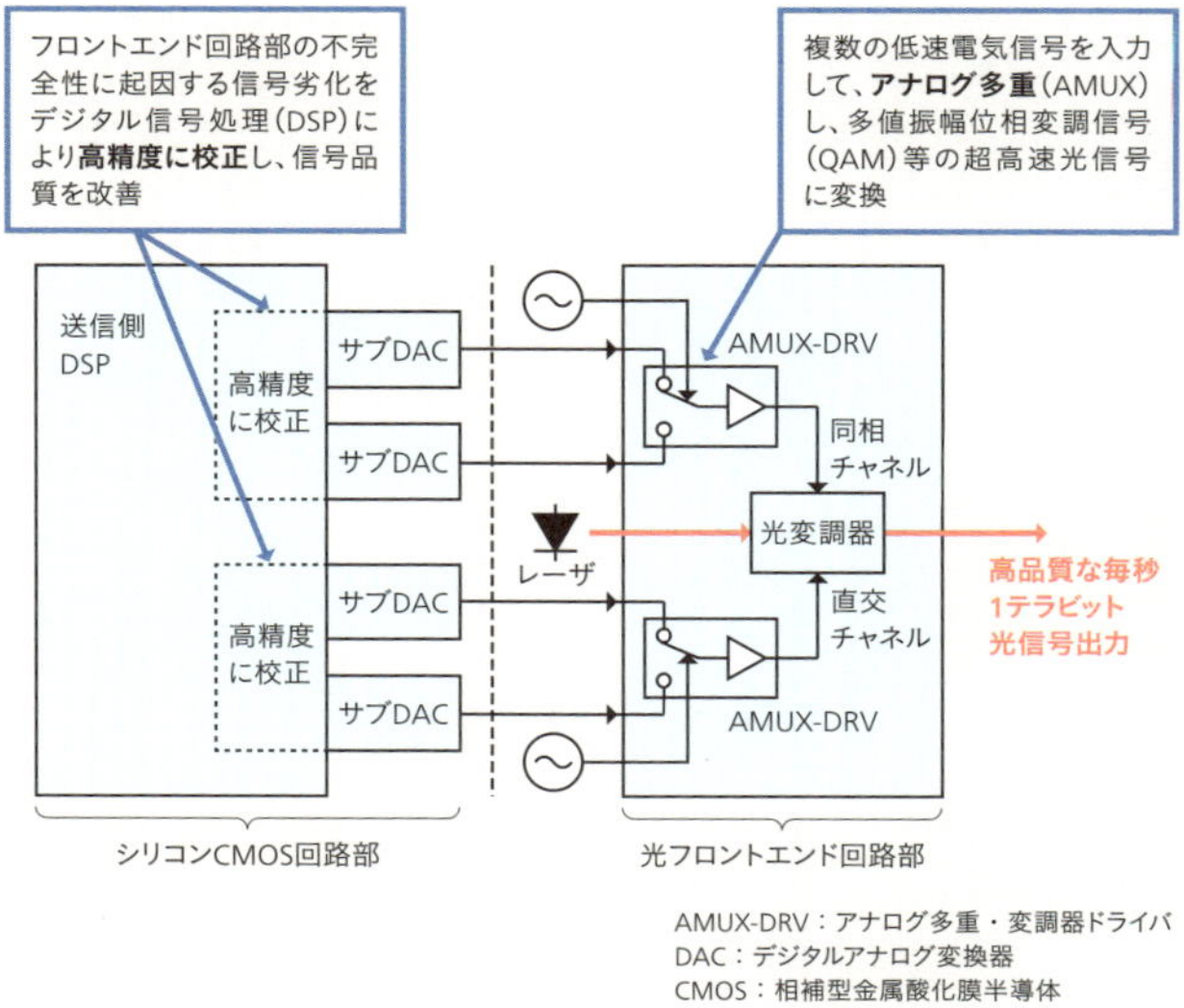

AMUX-DRV：アナログ多重・変調器ドライバ
DAC：デジタルアナログ変換器
CMOS：相補型金属酸化膜半導体

図11-3｜アナログ多重機能（AMUX）を内蔵した光送信器

図 11-4｜超高速小型光フロントエンドモジュール

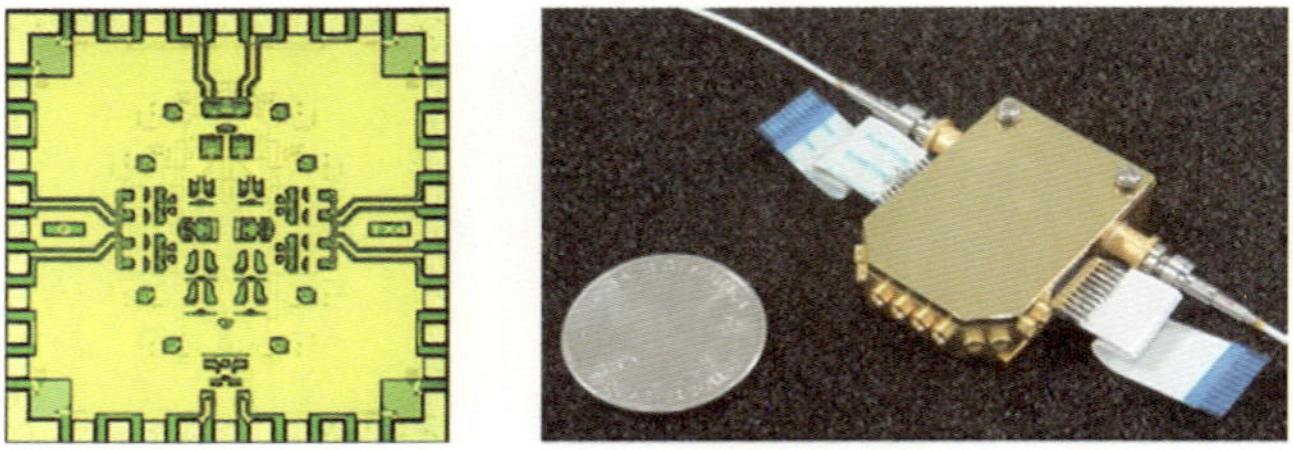

a　AMUXチップ　　b　InP光変調器内蔵光送信フロントエンドモジュール

また、アナログ多重機能（AMUX）を光フロントエンド回路部に導入することで、シリコンCMOS回路部と光フロントエンド回路部の2つの回路ブロック間を結ぶ電気信号の所要帯域を従来の半分にし、さらに新開発の小型・広帯域のInP光変調器を一体集積した超高速小型光フロントエンドモジュールも開発（**図11-4b**）。その結果、回路ブロック間の安定な超高速信号伝送を容易に実現する実装が可能となった。

私たちが実現した通信速度毎秒1テラビットは、現在実用されているシステムのじつに10倍である。今後、革新的ネットワークのコア技術として社会の変革に大きく寄与していくだろう。

[1] 1秒間に光波形が切り替わる回数。100ギガボーの光信号は、光波形を1秒間に1000億回切り替えて情報を伝達する。

[2] Analog Multiplexer　2つのアナログ入力信号をクロック信号によって交互に切り替えて出力する電子回路。

[3] デジタル信号処理、2個のDAC、およびAMUXの組み合わせにより、各DACの倍の帯域で任意の信号を生成する技術。

[4] III-V族半導体のリン化インジウムを用いたヘテロ接合バイポーラトランジスタ。高速性と耐圧に優れる。

[5] Polarization Division Multiplexed Probabilistically Shaped 64QAM. 光信号電界の64個の信号点配置を確率的に分布させることにより、信号誤り率を情報理論限界へ漸近させて、信号品質を向上する技術。これを、光信号の持つ2つの独立な偏波多重（PDM）光信号の各々に対して適用することにより、偏波多重（PDM）光信号として伝送容量をさらに拡大することが可能になる。

07

Energy
エネルギー

エネルギーを〝賢く〟流通

世界人口は増加の一途をたどっており、国連の調査では2060年までに100億人を超えると予想されている。[1] それにともないエネルギー需要が高まるなか、地球環境を意識したグリーンエネルギー（再生可能エネルギー）の活用や、電力の需要供給調整を促すスマートグリッドなどを通じて、社会全体での電力利用の最適化を行うことが必須となっている。

同時に、電力供給をめぐる状況にも変化が訪れている。日本では従来、一般家庭の電力購入先は各地域の電力会社に限られていたが、2016年4月からは電力小売自由化により、

[1] 世界人口推計2019年版

電気の売り手やサービスを選べるようになった。2020年4月には、いわゆる発送電分離（送配電部門の法的分離）が行われる予定だ。また、太陽光発電などで余った電力の電力会社などへの販売はすでに行われているが、現在、太陽光パネルと蓄電池（電気自動車も含む）などの分散型電源をつなぎ、それを個人間や事業所間で取引するという実証実験も開始されている。電力の〝地産地消〟や自給自足に向けた取り組みだ。

現在、ESG投資[2]に代表されるように、環境・社会・ガバナンスを評価指標とする動きが世界的に広まっており、電力会社を選ぶ際にも、電力の値段だけではなく、環境に配慮した再生可能エネルギーを使っているかどうかを重視する人や企業が増えつつある。そうした動きを受けて、今後は自宅・自社で発電・蓄電し、それを電力会社を介さずに取引する（P2P取引）、あるいは環境を意識してグリーンエネルギーを買う、という選択肢が増えていくだろう。

[2] 環境（Environment）、社会（Social）、ガバナンス（Gavernance）を重視した投資のこと。

電力の「地産地消」には蓄電技術の活用がカギ

電力の〝地産地消〟や自給自足に向けて、各家庭や企業自ら蓄電や発電を行うには、蓄電技術の発達と、エネルギー流通を最適化するテクノロジーの登場が求められる。

そのなかでとくに注目されるのが大容量蓄電池の存在であり、そのカギを握るのが、現在、普及が進む電気自動車に搭載される大容量かつ高出力の蓄電池である。都市や工場のスマート化や省エネ化はもちろんのこと、災害時などで電力供給網が一時的にストップした際のBCP（事業継続計画）においても、蓄電池は重要な役割を果たす。

蓄電池関連の研究のなかで、とくに注目される「蓄電容量の拡大」に向けた動きとしては、従来のリチウムイオン電池を代替する技術の開発がある。モビリティの動力の電化と歩調を合わせるかたちで、リチウムイオン電池よりも高エネルギー密度化が可能なリチウム硫黄電池、金属空気電池などの革新電池の研究が各国で加速している。

また、容量の拡大と合わせて注目されているトピックが、「安全性の確保」だ。従来のリチウムイオン電池は、電解質に可燃性の有機電解液が使用されていることに加え、正極と負極の間をイオンが移動するのにともない、金属リチウムがデンドライト状（樹枝状）に形成されて発熱や爆発の危険があった。そのデンドライト形成を防ぎ、蓄電池の安全性を高めるために、難燃性の固体電解質を用いる全固体リチウムイオン電池などの研究開発も国を挙げて進められている。

無駄のない柔軟なエネルギー流通

地球環境に配慮したグリーンエネルギーの利用率を高めるためには、蓄電池技術とともに、創エネ、蓄エネを賢く行う無駄のないエネルギー流通の最適化が必要となる。私たちNTTは「仮想エネルギー流通基盤」の確立、「次世代マイクログリッド」の実現、それらを支える基礎技術の研究開発という3つのアプローチによって、エネルギー流通のあり方の改善を目指している。

1つ目の「仮想エネルギー流通基盤」は、仮想発電所（バーチャル・パワー・プラント）に支えられる。仮想発電所とは、一般家庭や事業所の蓄電池、電気自動車などを一括して制御し、あたかも1つの〝発電所〟のように機能させるものだ。私たちはブロックチェーン技術を活用した電力のP2P取引に関する技術開発や、エネルギーがどのような流通経路を経て手元に届いたものかを証明するトレーサビリティの研究を進めている。また、エネルギーの供給者と需要者を、まるでオーケストレーションするかのようにつなぎ、高付加価値で、柔軟なエネルギー需給を実現するための研究も進めている。これを実現するために、多数の仮想発電所間でエネルギーを〝賢く〟流通させるための大規模高速応答バーチャル・パワー・プラント技術や、エネルギー需給の変動に応じた、リアルタイムエネルギー需給マッチング技術の開発に取り組んでいる。

さまざまなエネルギーの効率的な流通に向けて

2つ目の「次世代マイクログリッド」への取り組みでは、地域のあらゆるエネルギーを連携させることで、広範囲かつ多様なエネルギー流通の実現を目指す。そのために直流電力、交流電力が混在するエネルギーの融通によりコスト最適化を図る技術と、それを安心安全に支える技術の開発を進めている。

これら2つのアプローチに加え基礎技術の研究開発にも取り組んでいる。将来、エネルギーはさまざまなかたちで流通することが想定されるが、基礎技術の開発は新たなエネルギーの流通や新たな用途開発につながっていく。たとえば光を使ったエネルギー流通を考えた場合、光ファイバで伝送された微小エネルギーを効率よく電気に変換できれば、従来、電気で動作していた機器を光エネルギーがバックアップできるようになるだろう。

同時に私たちは、土に還る電池（CS⓲）や人工光合成といったグリーンエネルギーの基礎技術の研究開発も進めている。地球環境を意識したグリーンエネルギーの流通を支えるのは、〝電力の地産地消〟を実現し、エネルギー流通を〝インテリジェント〟に最適化するための技術開発だ。IOWNが生みだすスマートな世界においては、エネルギーもまたスマートになっていく。今後100億人が100年間暮らす地球において、環境を破壊せず、かつ、エネルギー不足で悩まされないために、研究開発に邁進していく。

〔ケーススタディ⑫〕

人工光合成技術

炭素循環社会の実現に資する夢のテクノロジー

「環境とエネルギー」は21世紀のメインテーマの1つであり、「温暖化防止と化石燃料からの脱却」に取り組むことは、「テクノロジー」が「自然」と対立することなく、ナチュラルに共存できる未来をつくりだす重要なパラダイムシフトといえる。

私たちNTTは「温暖化防止と化石燃料からの脱却」が期待できる技術の1つとして、植物の光合成と同様に、太陽の光を受けることで水と二酸化炭素から水素やメタンなどのグリーンな燃料を生成する人工光合成技術の研究開発を進めている。これは、二酸化炭素由来の燃料をつくりだして地球温暖化を防止する「炭素循環社会」を実現するためのキーテクノロジーになると考えている（**図12-1**）。

暮らしや社会を大きく変える人工光合成

たとえば、都市部において、家の屋根に取り付けられた太陽光パネルと同様に人工光合成技術が実装されたパネルが実現できれば、人びとはグリーンな日常生活を過ごせるようになるだろう。あるいは、バス停の屋根に取り付ければ、水素などを利用した燃料電池自動車・バスは、停留する度にグリーンな燃料を補充でき、交通手段のグリーン化が広がっていくだろう。人工光合

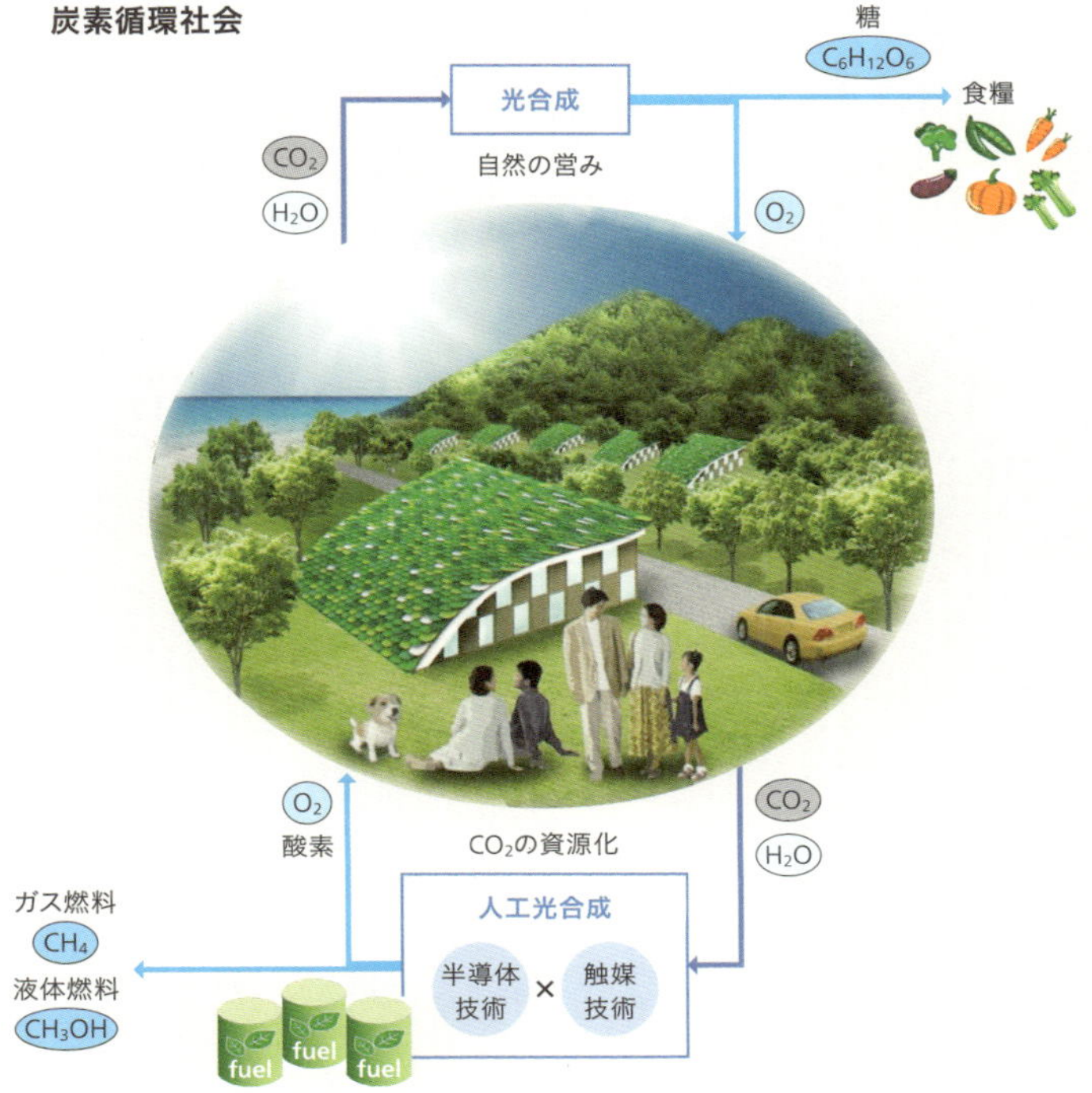

図 12-1 | CO_2 由来の燃料を使い地球温暖化を防止した社会

成技術が開発されれば、そのような自然と調和したライフスタイルを太陽の恵みから享受できるようになるのである。さらには、グリーンな燃料を販売する自動販売機、グリーン燃料で調理していることを謳い文句とするフードトラックまで出現するかもしれない（**図12-2**）。

一方、郊外においては、メガソーラと呼ばれる大規模な太陽光パネルと人工光合成パネルから電力と燃料がつくられ、地域のエネルギー需給を安定的に賄うことで、エネルギーの自給自足・地産地消が進んでいくだろう。

このような未来を実現する第一歩として、NTTは2015年から、情報通信に関する研究開発で培った

図 12-2 ｜人工光合成が変える暮らし

半導体成長技術と触媒技術を活用した人工光合成技術の研究をスタートした。

人工光合成では、次のような反応を利用する。半導体電極で光が当たると電子（e^-）と正孔（h^+）が発生し、正孔（h^+）は水（H_2O）の酸化反応に用いられ酸素（O_2）とプロトン（H^+）が生成され、対極の金属電極で電子（e^-）とプロトン（H^+）が還元反応を起こし水素（H_2）が生成される。また、金属電極に二酸化炭素（CO_2）を同時に供給すれば、一酸化炭素（CO）、ギ酸（HCOOH）、メタノール（CH_3OH）、メタン（CH_4）等が生成される（**図12-3**）。

現在、大学などの研究機関・企業で人工光合成の基礎研究が行われているが、現段階では実用化のための研究というより、実用化の可能性を探る研究が中心である。私たちもこれまでの検討から、いくつかの課題があることがわかっている。ポイントは、「効率と寿命の両立」だ。

効率化と長寿命化への挑戦

ここでいう効率とは、太陽エネルギーによって水から水素と酸素をつくりだす際の効率のこと。実用化のためには、植物の光合成における効率（0・2〜0・3％程度）を大幅に上回る効率を実現する必要がある。そうしたなか、私たちは2017年までに効率0・84％を達成。つくりだされるエネルギーは微々たるものとはいえ、植物よりも効果的に燃料を生みだすことに成功したことは画期的といえる。現在、化石燃料のコストを下回ると見積もられている効率10％を達成するべく、太陽光エネルギーの大半を占める可視光を効率的に吸収できる半導体電極材料・構造の開発を進めている。

また、効率とともに寿命も重要である。これまでの検討から、光が半導体電極に当たると極めて短時間で半導体が腐食し、効率が数時間以内に低下することがわかっている。寿命が短い主な理由は、光を照射した

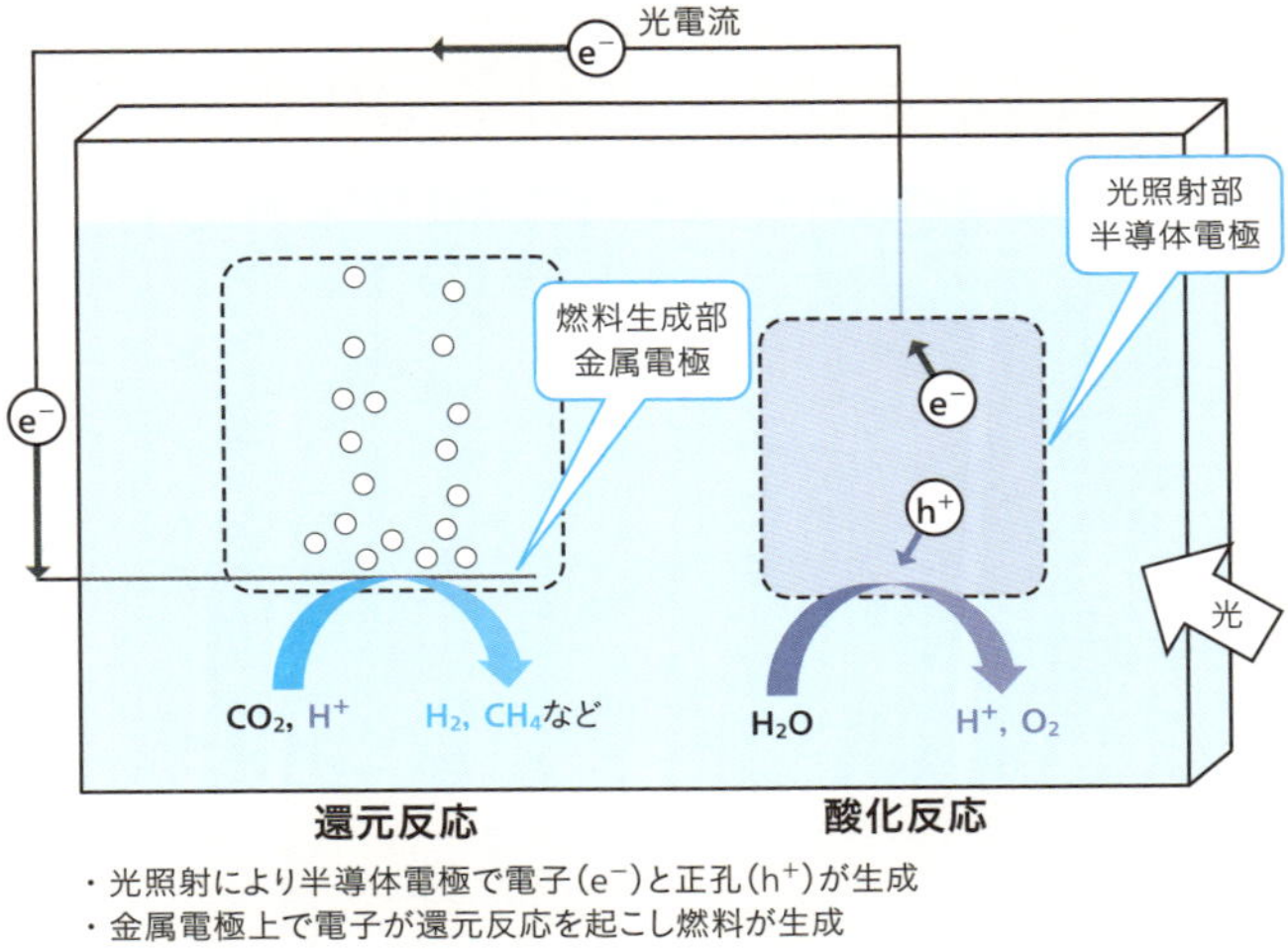

・光照射により半導体電極で電子（e^-）と正孔（h^+）が生成
・金属電極上で電子が還元反応を起こし燃料が生成

図 12-3｜人工光合成の反応イメージ

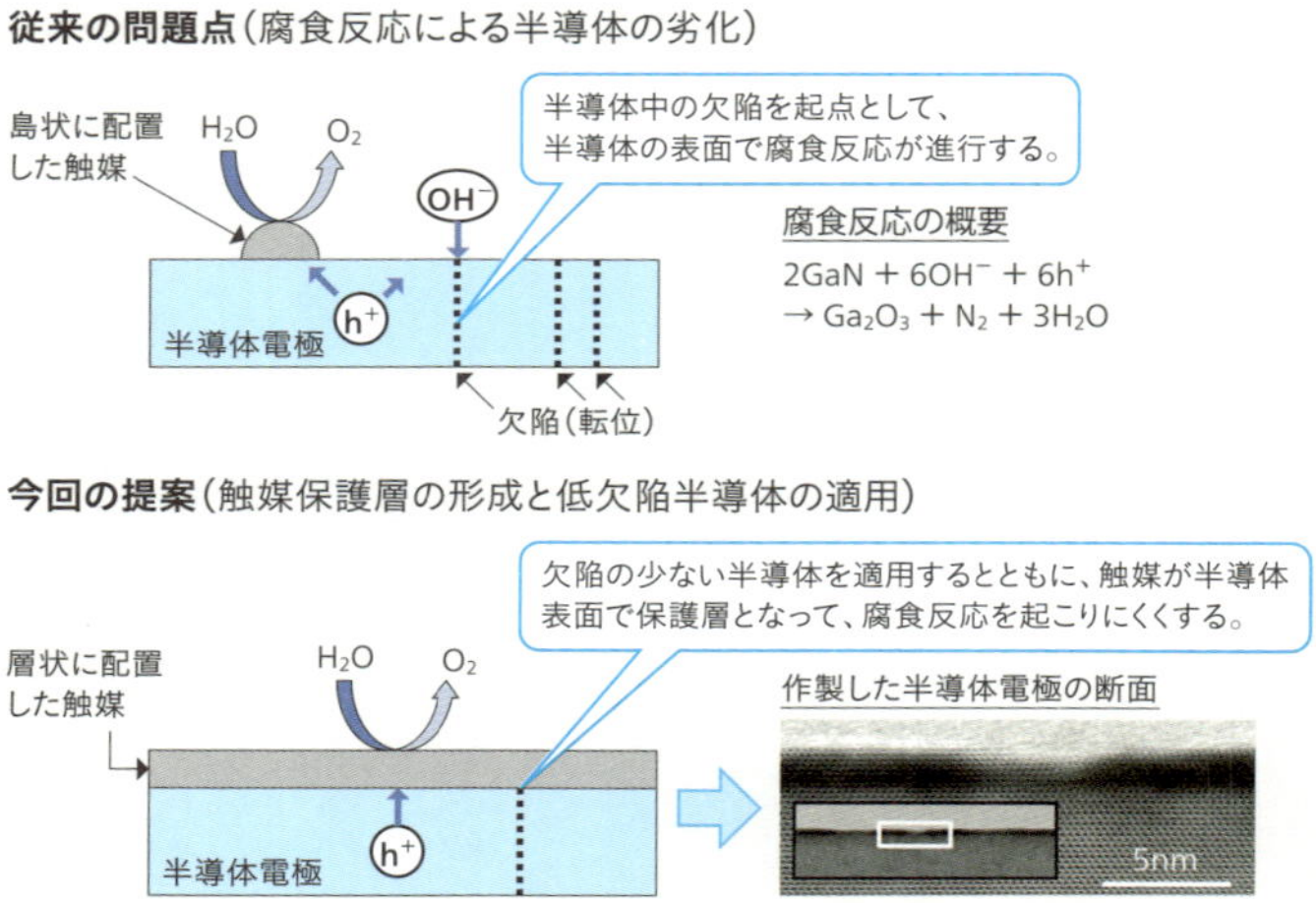

従来の問題点（腐食反応による半導体の劣化）
島状に配置した触媒
H_2O
O_2
OH^-
h^+
半導体電極
半導体中の欠陥を起点として、半導体の表面で腐食反応が進行する。
腐食反応の概要
$2GaN + 6OH^- + 6h^+ \rightarrow Ga_2O_3 + N_2 + 3H_2O$
欠陥（転位）
今回の提案（触媒保護層の形成と低欠陥半導体の適用）
層状に配置した触媒
H_2O
O_2
h^+
半導体電極
欠陥の少ない半導体を適用するとともに、触媒が半導体表面で保護層となって、腐食反応を起こりにくくする。
作製した半導体電極の断面
5nm

図 12-4｜人工光合成の劣化抑止の検討

際に生じる正孔（h^+）によって、半導体そのものが腐食してしまうためだ（**図12-4上**）。

私たちはこの腐食問題を、主に2つの方法で改善しようと取り組んできた。1つ目は、触媒を半導体表面に層状に配置することによって、触媒が保護層となり半導体の腐食を抑えるアイデアである（**図12-4下**）。半導体電極で光を効率的に受ける必要があるため、以前はそれを妨げないように触媒は島状に点々と配置していたが、腐食の過程を調べることで、半導体の表面をすべて触媒で覆えば良いという着想を得た。なお、光の透過率を維持するために、触媒層の厚みを1〜2nm程度（髪の毛の太さの10万分の1）で制御している。

2つ目に、腐食は半導体の転位（欠陥）が起点となって拡大していくことから、転位密度（欠陥）が極力少ない半導体を電極として採用した。その結果、2017年には100時間後の効率（光電流）を開始時の86%維持、2019年には300時間後に開始時の89%の効率を維持[1]という数字を達成した。これにより、仮に、太陽が日中6時間光を照らすとすると、1か月半以上は屋外で人工光合成反応を行うことができる計算になる。

2017年までは燃料として比較的難易度の低い水素の生成を中心に取り組んできたが、2018年からは炭素循環社会の実現に欠かせない、二酸化炭素の固定化（メタン等への燃料化）にも着手している。

いまだ人工光合成の研究は基礎研究の段階にあり、実用化までにはまだかなりの時間を要するだろう。しかし、「Moonshot」[2]（ムーンショット）の由来といわれているアポロ計画は、当時の常識を覆す、ありえない技術レベルが求められた壮大なミッションだった。私たちも、研究開発を進めるにあたり、先人のこれまでの検討を謙虚に受け止めながら、従来の延長線上で考えるのではなく、常識を疑いつつ斬新な創造性を発揮し、大きなインパクトをもたらす課題に正面からチャレンジしていきたい。

[1] この数字は、太陽光を模擬した光源ランプの性能低下を補正済みである。
[2] 非常に困難で独創的だが、実現すれば大きなインパクトをもたらしイノベーションを生む壮大な計画や目標のこと。

08

Quantum Computing

量子コンピューティング

最適化問題の解決から「情報処理概念」の革新へ

従来のコンピュータよりも遥かに高い計算能力を持つとされ、これまで解決できなかった問題を解決することが期待されている量子コンピュータ。数多くの産業に適用が考えられる技術であり、いまや世界中の研究機関・IT企業の多くが熱心な取り組みを行う。ゆえに、その技術はいまだ萌芽期にあるものの、市場規模は2021年まで年率35%という非常に高い成長率で拡大していくと予想されている。[1]

量子コンピューティングの計算手法には、古典的な汎用コンピュータの拡張となる「量子ゲート型」があるが、近年、それとはまったく異なる「イジング型」という手法も提案されている。量子ゲート型は、さまざまな量子アルゴリズムを汎用的に実行可能であり、量子シミュレーションや量子を活用したセキュリティ技術にも応用可能である。一方、イジング型

[1] Technavio, Global Quantum Computing Market 2017-2021

は、組合せ最適化問題を量子的な磁石の相互作用モデルに置き換え、物理現象が自然にエネルギー最小の状態に向かっていく性質を活用して問題を解く（近似的な解を得る）ことに特化した量子コンピュータである。

量子コンピューティングの用途のうち、比較的早い段階での実用化が期待されているものの1つが、さまざまな業種における「最適化問題」に対する適用である。従来の計算機では計算量が膨大になりすぎて、途方もない時間がかかったり、あるいは計算できなかったりする問題に対する1つのソリューションが量子コンピュータというわけだ。たとえば、量子コンピューティングを活用すれば、物流や在庫、店舗配置の最適化や、モビリティや人流のルート最適化、都市の機能配置の最適化など、膨大な量の選択肢のなかから実用的な解答を即座に導き出すことが可能になると期待されている。

もちろん、最適化問題の解決は量子コンピューティングが実現することのほんの一側面にすぎず、処理速度と処理精度や計算規模が高まれば、高精度な分子シミュレーションなどにも活用できるようになり、エネルギーや創薬などの分野でも重要な役割を果たすことになるだろう。

量子ビットが直面する2つの課題

量子コンピューティングの研究において現在、注目されている課題に、「量子ビットの安定化」と「量子ビット数の拡大」の2つがある。すなわち、現在の量子コンピューティングは量子ビットが不安定で数も少ないことがネックとなっており、これらの課題を解決することが実用化を進めるうえでは必要不可欠だといえる。

「安定化」において問題となるのが、何らかの原因で計算中に入り込んださまざまなノイズによって量子の重ね合わせ状態は容易に変化してしまうため、量子ビットにはエラーが生じやすい点だ。このため、量子ビットが情報を失うことなく保持できる時間はわずかしかなく、計算に使える時間もその制約を受けてしまう。

このエラーを克服する方法として量子エラー訂正が知られていた。しかしながら、従来の量子エラー訂正アルゴリズムは物理的な制約から現実の量子ビットで動作させることが困難と考えられていた。２００２年にエリック・デニスらによって発表されたサーフェスコードと呼ばれる量子エラー訂正アルゴリズムは2次元上に並べた量子ビットで実現できることから、この成果は現実の量子ビットを安定して利用する方法として注目されている[2]。

他方、「数の拡大」という点については、現在は量子ビット数が少ないため限定された問題にしか活用できないことが課題とされていた。今後多くの産業で活用するためには、量子ビット数を拡大させるとともにその精度を高めること、さらには高い集積度での実装を実現しなければならない。

この課題に取り組むべく多くの大学や研究機関が研究を続けており、たとえばマナチュー

[2]『*Journal of Mathematical Physics*』Vol.43に掲載された論文（Eric Dennis et al., "Topological quantum memory"）。

セッツ工科大学のダナ・ローゼンバーグらは２０１７年に量子チップの３Ｄ構造化に関する論文を発表[3]。量子ビットの拡張可能性を確保する方法の１つとして３Ｄ構造化が求められるとされているが、同論文はこれまで半導体に用いられていた３Ｄ構造化技術を量子コンピューティング分野にも応用しようと試みたものだ。こうした「数の拡大」に向けては、そのほかにも多くの研究機関が多様なアプローチで取り組んでおり、今後のブレークスルーが待たれる。

[3]『*npj Quantum Information*』Vol.3 に掲載された論文（D. Rosenberg et al., "3D integrated superconducting qubits"）

「情報処理の概念」の革新

ＮＴＴでは現在のように量子コンピューティングが注目されるよりもずっと以前の、量子情報処理技術の黎明期から30年以上にわたって研究を続けている。量子ゲート型コンピュータの実現を目指すためにも着実に研究を進めているが、量子ゲート型コンピュータは「正確性」と「汎用性」を求めるため開発における課題は多く、その実現にたどり着くのはまだまだ先のこととなるだろう。一方、自然な物理現象を用いるイジング型コンピュータは厳密解を求めることは困難だが、拡張が容易で高速に実用解を提示できる。このイジング型のアイデアを活用した新たな計算手法やアーキテクチャを用いることで、実用的な組合せ最適化問題へアプローチできると考えており、新しい情報処理技術の実用化も現実となりつつある。

また、量子情報処理技術研究において、最適化問題の解決や暗号処理技術などソフトの面で活用される技術だけではなく、超伝導量子ビットで実現する高性能デバイスや、トポロジカル絶縁体による新規デバイスの創生など、ハードの面でも新たなデバイスをつくり出し、またそのうえで動作するアルゴリズムも研究している。これらの研究もイジング型の計算と同様、これまでの量子コンピューティング研究とは異なるアプローチをとることで新たなフェーズへ突入しているといえる。

量子コンピューティングは従来のコンピュータでは容易に解決できなかった問題を解くことを可能にすると考えられている。一方、従来の量子コンピューティングの枠組みにとらわれない新たな計算手法やアーキテクチャは「新たな情報処理の概念」をもたらすものだといえる。たとえば、最適化問題を筆頭に厳密解を求めると時間のかかる問題に対して、物理現象の持つアナログ性や新たなイジング型計算などにより、高速に実用解を導くといったかたちで、情報処理の考え方は変わっていくだろう。そしてそれこそが、スマートな世界における新たな情報処理のあり方になるのかもしれない。

〔ケーススタディ⑬〕

「LASOLV」

組み合わせ最適化問題の計算に革新をもたらす

たくさんの選択肢のなかからその最適な組み合わせを求める組合せ最適化問題は、従来のデジタルコンピュータが苦手とする問題として知られている。近年、組合せ最適化問題を、相互作用するスピンの理論モデル「イジングモデル」に変換し、そのエネルギーが最小となるスピン配列を人工スピンによる物理学実験で求めることで、多様な最適化問題を高速に解く研究が盛んに行われている。NTTは、光パラメトリック発振器（OPO）と呼ばれる光発振器を用いてイジングモデルの問題を解く「コヒーレント・イジング・マシン」（CIM）を実現した。

光を用いて組み合わせ最適化問題に挑む

スピンとは粒子が持つ角運動量を量子化した概念で、「上向き」／「下向き」のいずれかの状態や重ね合わせの状態をとる。イジングモデルとはスピンの向きを計算する理論モデルであり、NTTはその模擬のためにOPOを用いている。光共振器中に、入力された光の位相が0度（0位相）、および位相が180度（π位相）の成分を効率よく増幅する位相感応増幅器（Phase Sensitive Amplifier：PSA）を挿入することで、位相が0またはπでのみ発振する特殊なレーザ、すなわちOPOを実現できる。このOPOの位相0／πをスピン値+1（上向き）／-1（下向き）に対応づけることで、スピンの状態を模擬する、というわけだ。

私たちは、1kmにもおよぶ長い光ファイバで構成された光共振器を用い、PSAを高い繰り返し周波数（~1GHz）でオン／オフすることで、時間多重化された数千個のOPOパルス群の一括発生に成功した。そして、このOPOパルス群に対して、測定・フィードバックと呼ばれる手法で相互作用を与えることで、イジングモデルの実装を可能にした。

開発した手法では、OPOパルスが光共振器を一周するごとに、エネルギーの一部をビームスプリッタにより取り出し、全パルスの振幅を測定。測定結果をもとに、各OPOパルスへのフィードバック信号を電子回路で計算し、それを光パルスに重畳して光共振器中の元のパルスに注入することで、OPO間の結合を実現した。このとき、OPOパルス群が、与えられた相互作用（問題）にもとづいて、全体のエネルギーが最小となる位相の組み合わせで発振することを利用して、イジングモデルのエネルギー最小状態を高い確率および高速で求めることに成功した。

新しい情報処理の世界を拓く

NTTでは、すでに2000個のOPOパルス群の全結合が可能なCIMを開発し[1]、それを用いて2000要素の最大カット問題の高速な解探索が可能であることを実証している。

2016年に米国『サイエンス』誌で発表された論文では、CIMはCPU上に実装された「焼きなまし法」[2]と比較して、同程度の精度の解を数十倍の速さで得たことを報告。また、2019年には、超伝導デバイスを用いた量子アニーリング（アニーリングは焼きなましの意味）と呼ばれる手法にもとづく計算機と比較して、辺密度の高いグラフの最大カット問題において、高い厳密解正答率を得ることを確認した。さらに、光学系の安定度を改善し、コンパクトな筐体に収めた

CIM装置「LASOLV」を開発、実証実験を通じて問題点などの洗い出しを行っている。

このようにCIMは、NTT研究所が培ってきた量子光学、光デバイス技術、光ファイバシステムなどの要素を統合して生まれた新しい計算機である。CIMはすでに特定の問題については従来のデジタルコンピュータや量子アニーリング装置を上回る性能を発揮する可能性を示している。

その一方で、OPOの持つアナログ性、非線形性、量子性などがどのような役割を果たしているのか、CIMの計算機としての限界はどこにあるかなど、未知な点がまだ数多くある。今後、私たちはこれらの課題を明らかにすることで、CIMを「ムーアの法則の飽和」の克服に貢献する計算システムに発展させることを目指していく。

[1] あるグラフのノードを1つの部分集合に分割する際、エッジを切る数が最大となるわけ方を求める問題。

[2] シミュレーティド・アニーリング（Simulated Annealing）とも呼ばれ、鋼の加工で用いる焼きなまし法のアナロジーを用いた方法。比喩的に「温度」をパラメータに用い、高温から低温に変化させる際の確率的探索を用いて最適化問題を解く汎用近似解法の1つ。広い探索空間内の大域的最適解に対して、精度保証はないが多くの問題に良い近似解を与えるヒューリスティックアルゴリズムである。

［ケーススタディ⑭］

全光量子中継方式による量子中継の原理検証

量子インターネットへの道を拓く

ＮＴＴは、大阪大学や富山大学との連携により、世界で初めて「全光量子中継」を実現するための原理実証に成功した。これは地球規模の量子ネットワークを光デバイスだけで実現したものだ。量子中継によって可能となる「量子インターネット」は究極の情報処理ネットワークといわれ、従来のインターネットの枠を大きく超える新たな応用が期待されている。従来のインターネットを支える通信デバイスをすべて光デバイスに置き換える試みである「オールフォトニクス・ネットワーク」とも深く関連し、低消費電力の高速ネットワークを実現するうえで、非常に有望な取り組みである。私たちがこの原理検証に成功したことで、地球規模の全光量子インターネット実現に向けて、人類は大きな一歩を踏み出したといえる。

究極の情報処理ネットワーク

「情報は物理的である」。ＩＢＭのロルフ・ランダウアー（１９２７-１９９９）が説いたこのスローガンは、情報は常に何かしらの物理系で表現され、それゆえ情報処理の限界は、物理系が従う法則、すなわち物理法則で決定されるはず、というものである。現代物理学において、最も精巧な自然界の記述は量子力学によって与えられ、そのような量子力学の枠組みのなかで予言されるコンピュータが量子コンピュータであり、通信を担うのが量子通信だ。つまり、ランダウアーのスローガンによれば、これらの量子コンピュータと量子通信から成る「量子情報処理」が、物理法則で許される情報処理の究極形ということになる。

加えて、現在のインターネットが、地球上のあらゆるクライアントの情報端末を結びつける、地球最大のコンピュータネットワークであると捉えられるとすれば、その量子版である「量子インターネット」は、地球上の任意のクライアントの「量子」情報端末を結ぶ役割を担い、量子力学の下で許される究極の情報処理ネットワークになりうるはずだ。

実際に、このような量子インターネットは、現在のインターネットの枠を超えた革新的な機能を提供できるといわれている。たとえば、あらゆる（量子コンピュータを使用するような）盗聴行為に対しても安全な「量子」暗号通信を、ネットワーク上の任意のユーザーに提供する。この極めて高い安全性を持つ暗号通信は、国民投票や首脳会談、金融取引、遺伝情報や生体情報のやり取りを可能にするだろう。またこれは、新しい電子マネーのかたちも生みだすに違いない。

量子インターネットは、量子テレポーテーションによって、未知の量子系の情報を遠く離れた人に忠実に転送することも可能にする。これは、分散型量子計算、クラウド量子計算、あるいは量子コンピュータネットワーク構築の基礎となる。

また量子インターネットは、現存する最も高い精度の時計である原子時計を正確に同期することにも利用でき、安定で正確で安全な共通の時計を世界規模で共有することを可能にする。これにより、高精度のナビゲーションシステムへの応用が期待されている。他にも、望遠鏡アレイの長基線化を可能にするため、天文学の発展にも寄与するだろう。

光デバイスのみによる量子中継

このような多岐にわたる応用を持つ量子インターネットを、世界規模の既設光ファイバネットワークを用いて実現するには、ファイバ中の光を増幅するために配置されている現在の中継器を、「量子」中継器に切り替える必要がある。[1] 従来、この量子中継器の実現には、物質量子メモリが不可欠とされてきた。しかし、このような定説を覆し、2015年、トロント大学との連携により、私たちは、物質量子メモリを必要とせず、光デバイスだけで所望の量子中継器の実現を可能とする「全光量子中継」方式を提唱した。

もし、この方式にもとづく「全光」量子ネットワークが実現されれば、物質量子メモリにもとづくネットワークにはないさまざまな利点が生じるだろう。たとえば、「通信レートが通信距離に依存せず高速な量子インターネットが実現できること」「物質と光のインターフェースが不要で常温動作可能なためエネルギー効率が良いこと」、また、「同種の（全光）量子コンピュータよりも実現が容易なため量子コンピュータ実現のマイルストーンとしての側面も持つこと」などが挙げられる。

2019年に、大阪大学、富山大学、トロント大学との連携により私たちが世界で初めて実現したのは、この全光量子中継の中核のアイデア「時間反転」の原理検証実験である（**図14-1**）。実験では、理論の予言通り、時間反転にもとづき、光子が持つ量子的な情報が、光損失の影響を受けずに、離れた別の光子にテレポートすることが確認された。

この全光量子中継の原理が実証されたことによって、今後、低損失の集積光学回路や効率的光子源などの光デバイスの研究開発が進んでいけば、全光量子中継にもとづく全光量子ネットワークの構築、全光量子コンピュータの実現、ひいてはそれらにもとづく全光量子インターネットの実現も夢ではないかもしれない。

[1] 0と1だけでなく、それら2つの量子力学的「重ね合わせ状態」も保存するメモリ。物質量子メモリは、量子メモリを実際の物質で実現したもの。

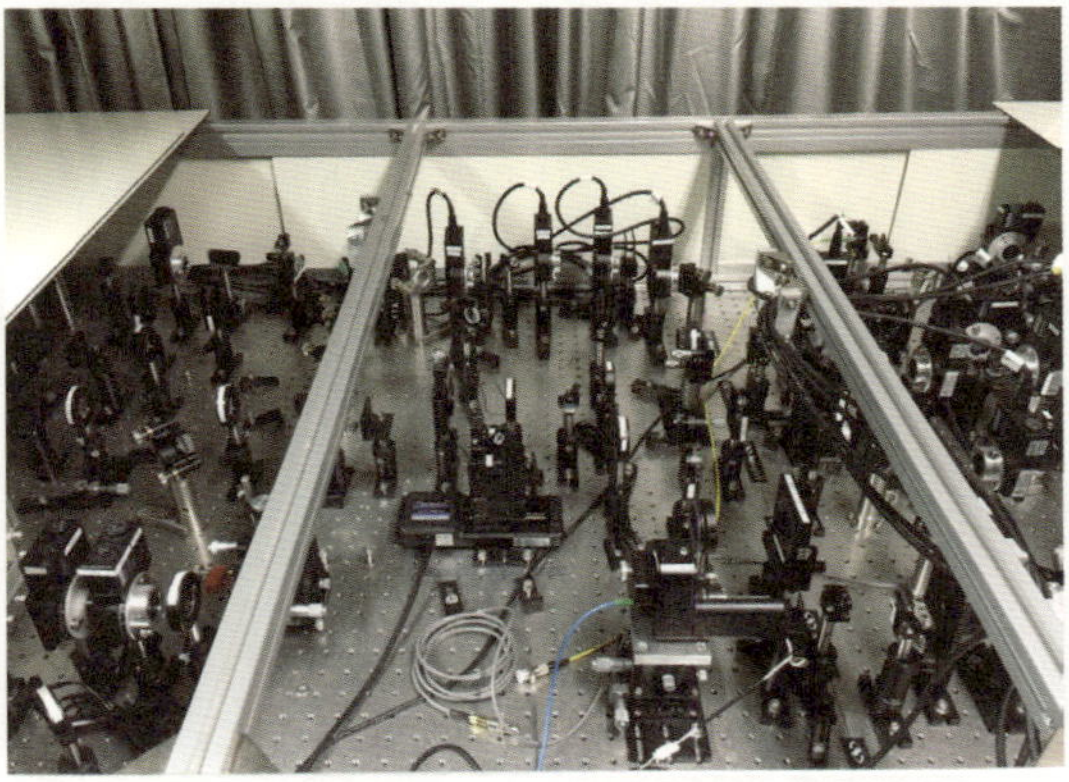

図 14-1

［ケーススタディ⑮］

ナノフォトニクスデバイス技術

将来のIOWNの基盤を支える

「光コンピュータ」の実現は長年、光分野の研究者が目指すゴールの1つであったが、LSI電子回路全盛の世の中にあって、有意性を見出せずにきた苦い歴史がある。しかし、LSIの微細化と集積化が限界に近づくなかで、光技術を光ファイバのような長距離信号伝送だけでなく、電子回路とともに情報処理にも使っていこうという期待が高まっている。それを後押しするように、近年ではデジタル処理だけでなく、機械学習をはじめとしてアナログ処理にも光を利用する価値が見直されており、電子回路と光回路を連携させた光情報処理のかたちが徐々に見えつつある。

そこで1つのカギを握るのが光電変換技術であるが、NTTはナノフォトニクス技術を用いて光電変換のエネルギー損失を劇的に低減することに成功し、この技術を利用した光電融合型トランジスタ動作の実証にも成功した。この結果は、光と電子回路を密接に集積した情報処理へ向けた大事な一歩であり、将来のIOWNの基盤を支えるハードウェア技術として期待される。

フォトニック結晶で光電融合にブレークスルー

光情報処理の技術革新に向けた大きな課題の1つが、

光信号と電気信号を相互に変換する素子を小型化・省エネ化し、高密度な光電変換インターフェースを実現することである。しかし、従来の光電変換素子は静電容量が大きいため、駆動するために一般にLSI中のトランジスタの100倍以上の高い消費エネルギーが必要なことがボトルネックとなっていた。

この課題に対してNTTでは、フォトニック結晶と呼ばれる人工的なナノ構造を用いて解決に取り組んできた。フォトニック結晶とは、1μm以下のスケールで周期的に屈折率が変調された人工媒質であり、光を狭いところに強く閉じ込める機能を持つ。

この研究では、薄板状のインジウムリン（InP）半導体に直径200nm程度の空気穴を周期的に形成したフォトニック結晶構造を使っている（**図15-1**）。光を特定の穴のない領域を上手くレイアウトすれば、光を特定の領域に閉じ込めて微小な光導波路や光共振器が形成できるため、これを活用した光素子が世界中で活発に研究されている。なかでもNTTが持つ特徴的な作製技術が、このような光導波路や光共振器のなかに、別の材料を精度良く形成する「埋め込みヘテロ構造技術」である。この技術をもとに多様なフォトニック結

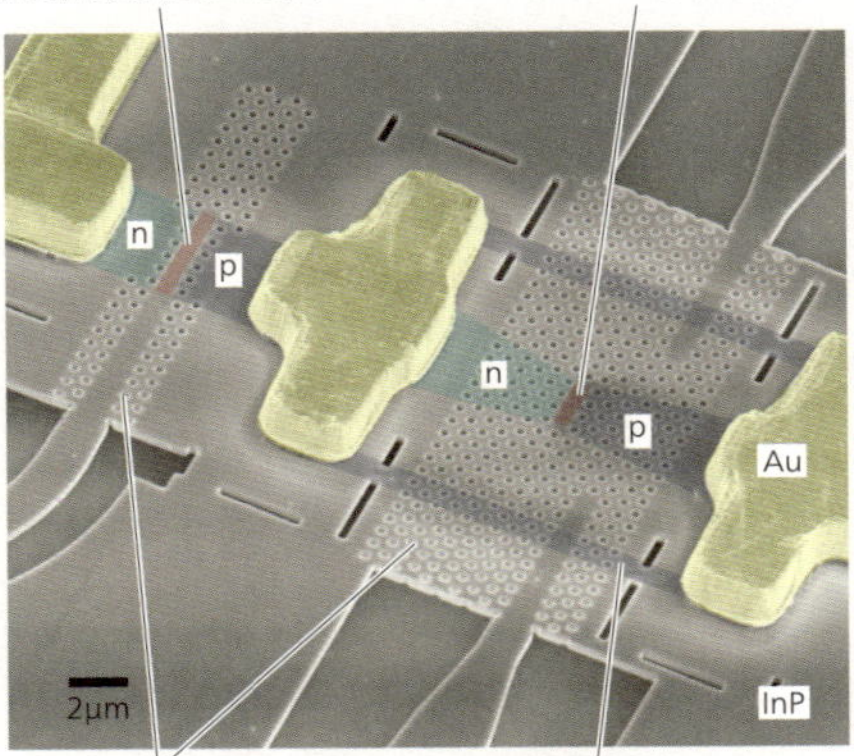

図15-1｜フォトニック結晶による光-電気-光変換素子。素子の電子顕微鏡写真

晶光素子を作製することができ、NTTでは、光スイッチや光メモリ、レーザ光源などで記録的な低消費エネルギー動作を実証してきたが、本研究では次に説明するように、同技術を用いて光電変換素子の小型化、低静電容量化、低エネルギー動作化に成功した。

超低消費エネルギーの光電変換素子と光トランジスタの実現

本研究では、波長1・55μmの光に対して光吸収材料となるインジウムガリウムヒ素（InGaAs）層を、InPフォトニック結晶光導波路内に埋め込み、光信号を電気信号に変える受光器を作製した。また、強い光非線形効果を持つインジウムガリウムヒ素リン（InGaAsP）層を、InPフォトニック結晶光共振器内に埋め込み、電気信号を光信号に変える光変調器を作製した。両者とも長さが数μm程度と、従来の受光器や変調器に比べて極めて小型であるため、静電容量を極限的に小さくでき、LSI中のトランジスタと同程度の静電容量しか持たない。NTTではこのような低容量技術を利用して、電気エネルギーを消費しない光受光器の可能性を実証するとともに、世界で最も消費エネルギーの低い光変調器動作を達成した。この光電変換におけるブレークスルーは、情報処理チップのなかでのシームレスな光電融合が可能であることを示唆している。

さらにNTTでは、開発した超低消費エネルギー光電変換技術を利用した光電融合処理を実際に証明するため、上記の受光器と光変調器を近接集積した光-電気-光変換素子を作製した（**図15-2**）。受光器に入力された光信号が電流へ変換され、さらに24kΩの高い負荷抵抗を介して電圧信号へ変換される（光-電気変換）。この電圧信号は光変調器に直接与えられ、別の光に信号波形が転写される（電気-光変換）。これにより、10Gbit/s 非線形光信号生成が実現された。この集積素子は、ビットあたり数フェムトジュール（fJ）レベルの光入力エネルギーで動作する。これはLSI中のトランジスタ回路で要する電気エネルギーと同等であり、このレベルの光電融合動作が実証されたのは世界初である。また、この素子は、受光器への入力光、光変調器の入力光、出力光を合わせた光の三端子動作になっており、受光器への光入力強度よりも光出力強度を強めることができる。すなわち、LSIのトランジスタと同じように、光信号を増幅する「光トランジスタ」を実現したことになる。

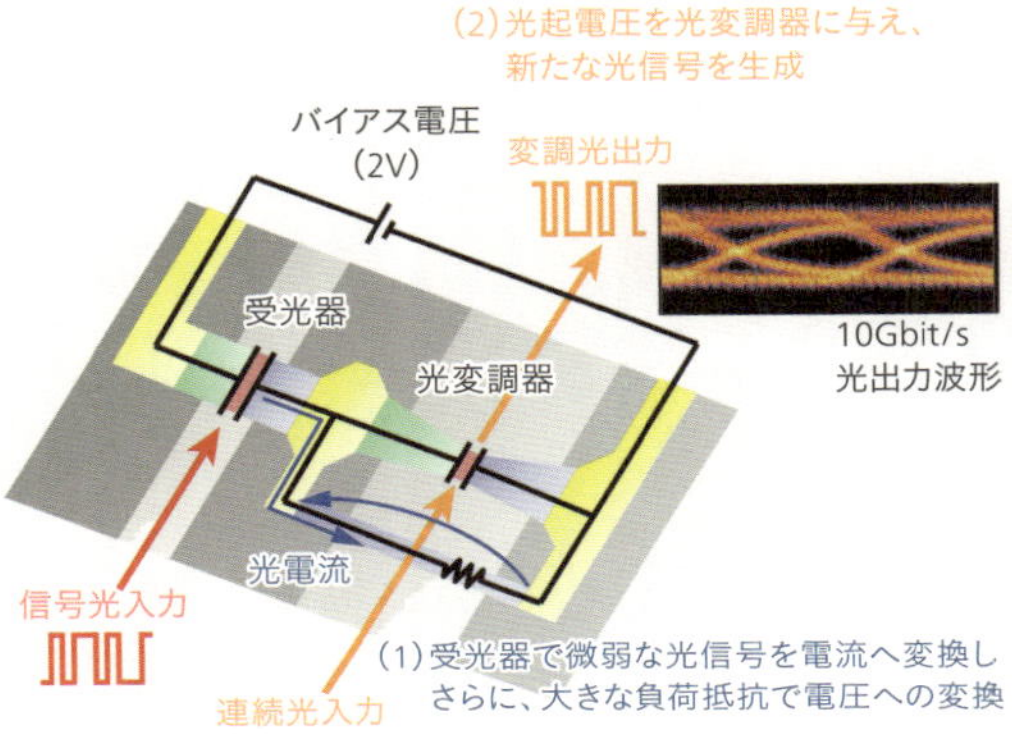

図 15-2 | 光非線形転送動作の原理と光出力波形

この低容量集積技術によって、消費エネルギーも従来の光三端子素子技術の100分の1以下に低減された。また、光信号を増幅できることで多段に光信号を転送することも可能となり、高い集積性による多様な応用が今後、期待できる。

たとえば、多数のCPU間でキャッシュ情報を共有するため、光トランジスタを中継器とした光ネットワーク集積チップの開発に資することが期待される。また、光ニューラルネットワークをはじめ、光による機械学習において、光トランジスタは光領域でのニューロンの構成など、非線形素子としての役割も期待される。これらは「伝送は光、処理は電子」というこれまでの役割の境界をシフトさせ、光電融合型情報処理の実現への道筋となる重要な技術となるだろう。

09

Biotechnology/Medical Care

バイオメディカル

分子レベルのデザインから、分野を超えた研究へ

バイオテクノロジーというと、以前であれば、農作物などの食品・品種のカスタマイズ(遺伝子組み換え)を思い浮かべる人が多かっただろう。最近では、「CRISPR」(クリスパー)のようなゲノム編集技術による新たな治療法の開発などが想起されるかもしれない。しかし、農林水産業や医療にとどまらず、バイオテクノロジーが応用される産業分野は現在では非常に多岐にわたる。

たとえば、金融取引における本人確認ではバイオ認証技術が役立ち、いまやスマートフォンの認証も生体認証が主流になりつつある。あるいは、バイオマス発電における効率の向上はエネルギー問題解決に貢献する。製造においてもナノレベルの分子操作により、「素材」レベルからデザインが可能となってきており、バイオチップやバイオマーカーはすでに実用化されている。バイオテクノロジーは、情報通信の領域とも密接につながり合う技術なので

ある。

高精度かつ多次元なデザインの実現

現在、バイオテクノロジーの研究においては「分子スケールの操作」と「分子デザインの多次元性」という2つのトピックが注目されている。「分子スケールの操作」とは、バイオテクノロジーによって操作可能な物質の粒度を分子レベルまで極小化することで、ピンポイントに精密な操作が行えるようになるため、生体内で所望の性質や機能を発現させることが可能となる。たとえば2018年に中国科学院のロン＝ハイ・ワンらが発表した論文は、遺伝子の発現や組み換えタンパク質の調整のために特定遺伝子をDNAに挿入する際、陽イオン性ポリマーを遺伝子の〝運び屋〟として用いるものであり、遺伝子挿入の効率的な手法の研究をテーマとしている。[1] こうした研究の積み重ねによって、意図した性質をより正確に出現させられるようになっていくだろう。

また、これまでのバイオテクノロジーは細胞や分子を操作することで変化を生じさせてきたが、「いつまで」にその変化が生じるかなど、時間軸を含めた操作を行うことは非常に困難だった。「分子デザインの多次元性」は、こうした課題を乗り越えるために注力されている取り組みといえる。

分子デザインの多次元性の流れを示す例に、2016年にマサチューセッツ工科大学のア

[1]『*Angewandte Chemie*』*Vol.55* に発表された論文（Long-Hai Wang et al., "High DNA-Binding Affinity and Gene - Transfection Efficacy of Bioreducible Cationic Nanomicelles with a Fluorinated Core"）。

レック・ニールセンやボストン大学、アメリカ国立標準技術研究所（NIST）などの研究者が発表した論文がある。[2] 同論文は細胞の環境への反応（合成、分解）を活用し、細胞へ特定の反応を促すプログラミングをテーマとしたものであり、細胞レベルでのプログラミングがもし可能になれば、いずれは細胞の自律的な成分生成をコントロールし、変化のタイミングと成分生成の量を細かくコントロールできる道が拓かれるかもしれない。

さらに、細胞レベルの高精度かつ多次元的なデザインという意味においては、iPS細胞による再生医療も重要なトピックの1つといえるだろう。2019年には大阪大学の西田幸二教授らは、iPS細胞由来の角膜上皮細胞シートの角膜への移植に世界で初めて実施した。これにより、角膜疾患のため失明状態にあり、治療が困難だった多くの患者の視力回復に貢献することになる。iPS細胞を用いた移植の臨床研究は、すでに網膜疾患や心不全、脊髄損傷、パーキンソン病などを対象に始まっており、根治医療という究極の医療への道を拓きつつある。

バイオセンシングやバイオ医療の知見を活かす

NTTはこれらの課題も視野に収めながら、より分野横断的な研究を進めている。その研究アプローチは幅広く、生命の仕組みを取り入れた生体模倣ナノデバイスやバイオセンシング、パーソナル医療データのAI分析、日常生活でのバイオモニタリング、損傷した生体機能を補完する生体適合材料など、医療を進化させる取り組みを数多く展開している。

[2]『Science』Vol.352で発表された論文（Alec A. K. Nielsen et al., "Genetic circuit design automation"）。

その1つに、バイオメディカルによるケア領域への取り組みがある。2019年にディーキン大学やウェスタンシドニー大学といったオーストラリアの大学とパートナーシップを締結し、「高齢者が健康で自立し、安全な生活を送ることのできる社会」をビジョンとして設定した研究活動を開始している。認知症患者とその家族や介護者とのコミュニケーションを支援するための研究開発や、高齢者や障害者の安心・安全な生活を実現するスマートホームの研究開発など、複数のテーマについて共同研究プロジェクトを立ち上げ、まずはオーストラリア国内で実証実験を2020年には開始する予定だ。

医療分野のなかでも高齢者ケアは、今後、日本でとりわけ重要となる領域の1つである。それゆえ、私たちはこれまで積み重ねてきたバイオセンシングやバイオ医療の知見を活かし、国を超えて研究を加速させようとしている。

バイオメディカル分野での領域横断的な研究のさらなる進展は、人々のQOL（クオリティ・オブ・ライフ）や環境の改善に役立つとともに、よりスマートで豊かな社会の実現を支える基盤となるだろう。

［ケーススタディ⑯］

生体信号計測素材「hitoe®」

着るだけで心身の状態がわかる

健康で豊かな生活を送るためには、疾病の早期発見・早期治療が必要であり、そのためには心身の日常的なモニタリングが有効な手段とされている。そうしたなか、2014年、NTTドコモとゴールドウインの協力により、生体信号計測用インナーが誕生した。着るだけで心拍や心電波形の信号を計測でき、主にスポーツ時のトレーニング管理や、パフォーマンス向上に活用されている。このインナーに使われているのが、東レ株式会社とNTTが共同開発した機能素材「hitoe®」だ。生体電極の肌への密着性や保湿性が高く、超極細繊維から構成される。スポーツの分野だけではなく、今後は体調モニタリングにも活用が期待されている。

心身をモニタリングする「スマート衣料」

hitoeは導電性高分子であるPEDOT:PSS{poly(3,4-ethylenedioxythiophene)-poly(styrenesulfonate)}を、東レが保有する先端繊維材料「ナノファイバー」に安定的にコーティングした、肌に優しい布帛型の生体電極だ。柔軟性・伸縮性・通気性・生体親和性に優れ、従来の医療用電極とは異なり金属電極や電解質ペーストを使用せず、心拍・心電波形・筋電などの生体信号を高精度で計測することができる。基材に用いているナノファイバーは、直径が700nm程度の微細な繊維素材であり、このナノファイバーを使用することで肌への密着性が向上し、低ノイズで安定した生体信号が取得できるようになった。

さらに、hitoe電極をインナーシャツと複合化することで、着るだけで心拍・心電波形が計測できるウェアラブルシステムを開発。2014年には、心拍計測が可能なスポーツ用インナー「C3fit IN-pulse」と、計測した生体信号をスマートフォンに送信するhitoeトランスミッター01が、それぞれ株式会社ゴールドウインとNTTドコモより発売されている（**図16-1**）。

hitoe電極を用いたインナーシャツの特長は、スポーツなどで汗をかくシーンでも素材が親水性のため電極が汗を良く吸収し、安定に信号をとり続けられることにある。すでに、自転車競技や陸上競技を始め、野球、ゴルフ、剣道、バドミントン、フィギュアスケートなど幅広いスポーツにおいて、フィールドでのhitoeウェアを用いた生体信号計測の実証実験を行っている。また、モータースポーツなどの極限状態における生体計測も行った。

一例に、米国のインディカー・シリーズにおけるドライバーの生体情報取得の実験がある。時速300kmを超える過酷なレースの間、hitoe耐火性ウェアによりドライバーの心拍数・心電波形・筋電などの生体情報を計測。得られたデータを分析することで極限状態にあるドライバーの身体状態を把握し、レースマネジメントやドライバーのスキル向上、事故防止に資することが期待できる。

図 16-1

心疾患の早期発見や過酷現場での体調管理

hitoeは身体に負担をかけることなく、日常生活における生体情報を快適かつ簡便にモニタリングできるため、当初より疾病の早期発見・早期治療に向けた医療用電極として役立てることを念頭に開発を進めてきた。hitoe電極の性能の改良を重ね、2016年8月に「hitoeメディカル電極」と「hitoeリード線」が一般医療機器として登録された。

さらに2018年9月に、長期間のホルター心電図測定を可能にする医療用「hitoeウェアラブル心電図測定システム」を東レ・メディカル株式会社が発売（**図16-2**）。従来のホルター心電計を用いた心電図測定では、粘着材で電極を皮膚へ固定するため、かぶれ、痒みなどの皮膚トラブルを引き起こす場合があった。hitoeは長期間肌に密着してもかぶれにくく、心電計測における患者の負担が軽減される。将来、在宅等でのhitoeホルター心電図検査がより身近になれば、心電図のビッグデータから、これまで検知できなかった心疾患等の早期発見につながるだろう。

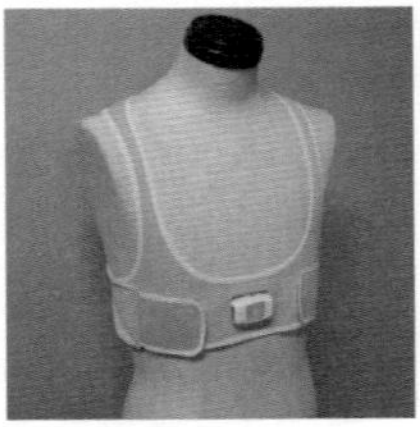

図16-2

また最近、現場作業者の体調管理や安全確認のために、hitoeウェアを活用する社会的ニーズが高まっている。たとえば夏の猛暑のなか、建設現場などで屋外作業が続く作業者は身体的な負担がかなり大きくなるため、体調管理が簡易にできるシステムが求められる。夜間の一人作業者や長距離バス・トラック運転手などの体調管理や事故の防止をサポートする手段の要望もある。

それらのニーズに対して、東レ株式会社から「hitoe作業者みまもりサービス」が開始された。このサービスでは、hitoeウェアを着用した作業者の心拍数や加速度等のデータを計測し、携帯電話アプリ内で解析を行い、平常時と異なる状況が発生した際には、アラート通知機能によって注意喚起がなされるため、緊急時には早期に対策を講じることができる。

以上のように、医療・スポーツ・安全管理などさまざまな分野において、hitoeウェアからのバイタルデータとIoTクラウドシステムを組み合わせ、人びとの安心・安全を見守るツールとして広く利用されることを期待している。

［ケーススタディ⑰］

微小井戸型ナノバイオデバイス

生体情報メカニズムの解明や難病の治療に資する

2003年にヒトゲノムの解読完了により人の遺伝子情報が明らかにされて以降、遺伝子からつくられ、あらゆる生命活動にかかわるタンパク質が「ポストゲノム」として注目を浴びている。タンパク質のなかでもとくに膜タンパク質（細胞膜に付着したタンパク質）は、細胞内外の情報伝達や物質輸送など細胞膜の重要な機能のほとんどを担う。したがって、膜タンパク質の解明が、医療分野において重要なトピックとなっているのだ。そうしたなか、NTTは細胞の最も単純化したモデルとして、基板上に直径数ミクロン程度の微小井戸構造を持つ「人工細胞」を作製し、これが膜タンパク質の機能で動作することを実証した。

人間の生理的機能に深くかかわる膜タンパク質

膜タンパク質の多くは、細胞膜を貫通した構造をとっている。そのなかには、たとえば、微小な孔を形成し濃度勾配にしたがってイオンや分子を輸送するチャネルタンパク質、特定の分子が結合することで変形し細胞内外への輸送を行うトランスポータ、エネルギーを消費して濃度勾配に逆らって輸送をするイオンポンプなどがある。

膜タンパク質の機能の一例として、私たちの身体のなかで行われている神経による情報伝達を見てみよう。生体内において、神経細胞同士はシナプスと呼ばれる結合様式によって神経ネットワークを形成している。ここで情報の制御を行っているのがシナプスで、情報の送り手側をプレシナプス、受け手側をポストシナプスと呼んでいる。

神経細胞同士は接触しているのではなく、シナプス間隙と呼ばれる微小な間隙（約20nm）で隔てられている。プレシナプスに電気信号が到達すると、特定の化学物質が放出され、いったん化学信号に変換される。化学物質がポストシナプスに到達すると、その受容体である膜タンパク質と結合し、再び電気信号となり情報が伝達していく。このような生体内の情報伝達の流れは生命の維持に不可欠な機能であり、情報伝達の異常はさまざまな疾病の原因になる。

このように、膜タンパク質は病気の発生や薬剤応答・免疫反応など、多くの生理的機能に関連した生体分子であり、半導体デバイス上で膜タンパク質の機能を解析する、あるいは機能を利用する多くの試みがなされてきた。しかしながら、それらの試みの多くはあまり上手くいかなかった。膜タンパク質を利用するうえで難しい点の1つに、膜タンパク質は細胞膜中でのみ本来の機能を発現することが挙げられる。単に基板上に配置しただけでは、細胞膜とはまったく性質の異なる半導体基板との相互作用により、タンパク質の立体構造が崩れて失活してしまうのだ。

膜タンパク質と半導体デバイスの融合

細胞膜の基本骨格は、脂質分子が疎水性相互作用によって自己集積化したソフトな脂質2分子膜構造を持つ。膜タンパク質は脂質2分子膜中に埋め込まれ、1カ所にとどまるのではなく、2次元膜内を拡散によってゆらゆらと移動しているのだ。そこで私たちは、細胞と同じような環境を半導体基板上で再現することに注目した。

まず、基板上に直径数μ程度の微小井戸構造を作製。

この井戸を人工的に形成した脂質2分子膜でシールし、架橋部分に膜タンパク質を配置する。このように作製した井戸構造の1つひとつは細胞と同程度の大きさを持ち、埋め込まれた膜タンパク質は微小井戸をシールしている脂質2分子膜内を自由に拡散できることから、細胞の最も単純化したモデルと考えられる（**図17-1**）。実際に、私たちはこの「人工細胞」が膜タンパク質の機能で動作することも実証した。

　図下部に示したのは、α-ヘモリシンというチャネルタンパク質を用いたときの結果である。井戸内にはカルシウムイオン指示薬を封入してあり、カルシウムイオン存在下で光る仕組みになっている。そこへ外液にカルシウムイオンを加えると、時間経過とともに井戸内からの発光が観測された。これは、脂質膜内に埋め込まれたα-ヘモリシンチャネルを通して、カルシウムイオンが井戸内に流入したためであると考えられる。

　また、1秒間に井戸内に流入するイオン数はたかだ

図 17-1

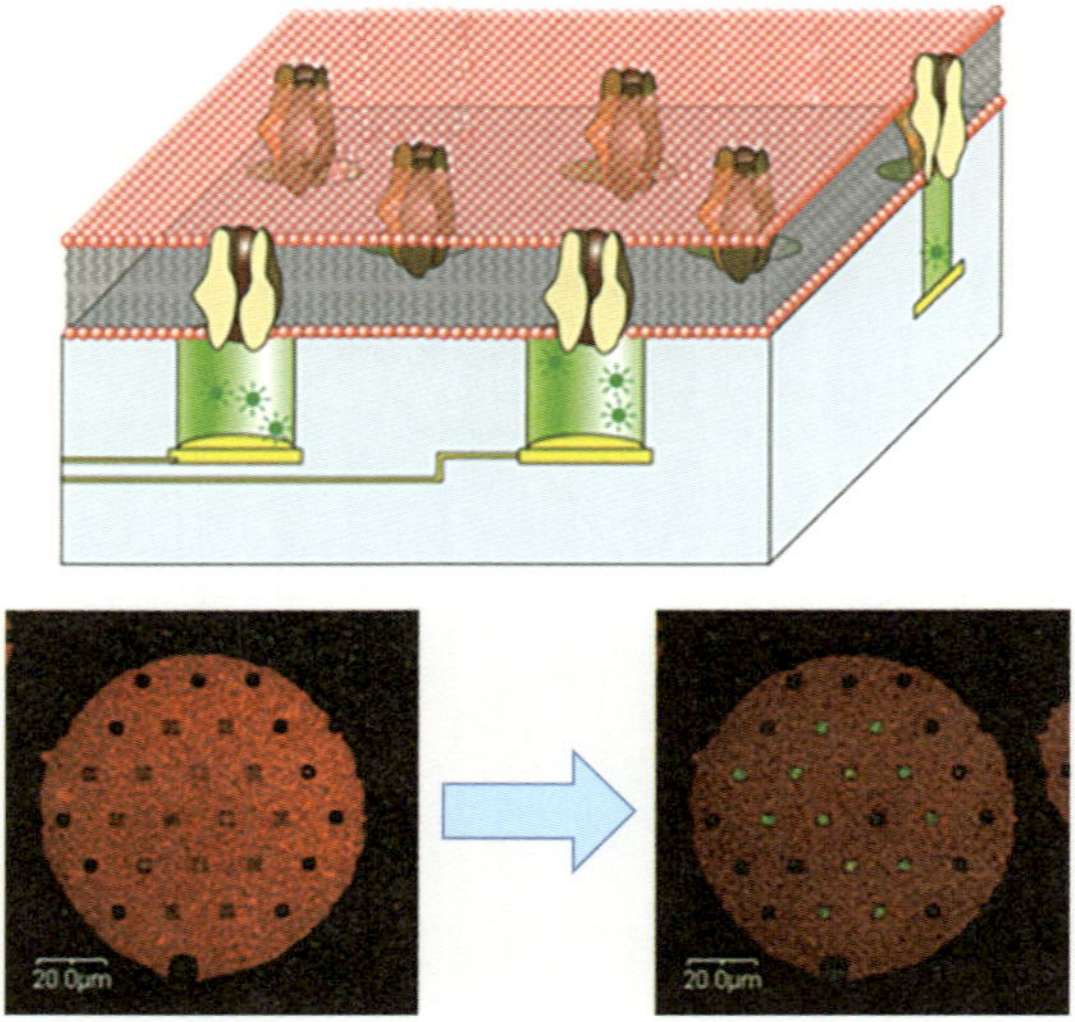

か数百個程度で、非常に高感度な計測が可能であることがわかった。これは、井戸の体積がaLレベル（1mLの1000兆分の1）であるため、わずかなイオン流入でも井戸内部に大きな濃度変化を引き起こしたためだ。この検出レベルは他の手法により計測される電流（pAレベル）よりも小さく、超高感度計測実現への期待も持たれる。

上記以外にも、微小井戸型ナノバイオデバイス実現のためには、どのように膜タンパク質を脂質膜に配置するか、脂質膜と基板との間の界面描像がどのようになっているか、あるいは膜タンパク質や脂質分子の膜内における拡散挙動はどうなっているのかなど、解明すべき重要な問題が残されており、私たちは実験・理論の両方面から基礎的な研究を行っている。

膜タンパク質と半導体デバイスを融合したナノバイオデバイスが実現すれば、医療や環境応用など、多くの貢献が期待される。つまり、人工環境下で制御されたかたちでモデル細胞を構築することにより、できるだけ単純化したかたちでメカニズムや機能の解明をすることが可能になるだろう。また、従来の手法による組織・細胞レベルの情報に対して、タンパク質分子レベルでの情報の獲得が可能となり、分子レベルにおける生体情報メカニズムの解明や難病の治療も現実的なものとなっていくだろう。

10

Advanced Material

先端素材

素材概念を拡げ、多様・多機能素材の開発を目指す

先端素材の研究開発は世界各国で行われており、なかには炭素系素材や酸化チタンなどのナノマテリアルのように実用化が進んでいるものも少なくない。その市場規模も今後着実に大きくなっていくことが予想されており、とりわけアジア太平洋地域の市場の成長率は年16%近い割合で、欧米と比べても急速な拡大が見込まれている。[1]

先端素材もいま注目されている他の多くのテクノロジーと同様、幅広い産業で活用されることが期待されている。たとえば製造業においては強度を維持したままプロダクトを軽量化する炭素繊維素材に、建設や不動産においては鉄鋼材料やコンクリートなどの構造材料を自動修復してくれる自己修復素材に、医療においては薬の成分を体内へ効率的に届けられるナノマシンなどに期待が集まり、研究が進められている。

また、現在、既存のプロダクトやシステムをアップデートするための新たな素材だけでな

[1] Allied Market Research, Smart Material Market, 2014-2021

く、新たなテクノロジーに対応するための「新たな機能性を持った素材」も求められている。そうした素材を生みだすためには、まだ多くの課題が残されている。とりわけ、さまざまなマテリアルのなかでも、バイオマテリアルは技術の萌芽期にあり、実用化までには時間を要すると見られるケースが多い。

マテリアル技術を次なるフェーズへ進めるに際し、注目されている課題には、「材料開発の加速化」と「機能のパーソナライズ」の2つがある。順に見ていこう。

機械学習を用いた「材料開発の加速化」

そもそも、従来の材料開発は多くの場合、研究者の経験に頼るかたちで進められてきた。しかし、材料の構造や合成手段が複雑化してきたことで、従来の方法では経済的・時間的コストが大きな負担となる。「材料開発の加速化」が求められているゆえんだ。今後は機械学習を活用するなど、素材絞り込みのためのデータ解析手法を用いることによって、機能性素材の開発を加速していくことが期待される。

たとえば、2016年にハーバード大学のラファエル・ゴメス＝ボンバレッリらが発表した論文においては、機械学習を用いた分子の「バーチャルスクリーニング」技術が提案されている。[2] この研究では分子のデータベースからバーチャル分子ライブラリをつくり、機械学習によって好ましい性質を持つ分子を絞り込んでいき、絞り込んだ分子から優先的に実験を

[2]『*Nature Materials*』Vol.15で発表された論文(Rafael Gómez-Bombarelli et al., "Design of efficient molecular organic light-emitting diodes by a high-throughput virtual screening and experimental approach")。

行うことで、経済的にも時間的にもコストを削減できるというものだ。

体内の薬物伝達システムや再生医療への応用も

もう1つの課題である「機能のパーソナライズ」は、今後、より複雑な素材を開発していくうえでカギを握る。たとえばこれまで、分子レベルの性質の理解が進んでいないがゆえに、独自の素材開発を行っても単次元的・単一的な機能しか付与できなかった。しかし、今後は、分子レベルの性質理解の進展と多用な素材への応用により、多機能で多次元的な素材が開発されることが期待される。

先端素材の分野で近年最も引用回数の多い論文の1つである、2016年にマサチューセッツ工科大学のマシュー・J・ウェバーらによって発表された論文も、こうした課題に取り組んだものだ。[3] 同研究は、近年ニーズが高まっている医療分野でのバイオマテリアルに注力したものである。現在、医療現場ではがん疾患や消耗性疾患の増加に加えて、患者のQOLへの関心が高まっており、負担軽減のための分子標的治療や細胞療法には、生体親和性に優れ形状や機能を自在に変化させられる高度な素材が求められている。そのため同研究は可逆的な相互作用を持つ超分子バイオマテリアルを開発し、生体シグナル伝達システムへの反応や模倣、そしてそのうえで形状を可逆的に変形させることを目指した。こうした研究は今後、体内の薬物伝達システムや再生医療へも応用されることが期待されている。

[3]『*Nature Materials*』Vol.15 に発表された論文（Matthew J. Webber et al., "Supramolecular biomaterials"）。

多機能バイオ素材の実現へ

私たちNTTもこうした課題に取り組みながら、新たな先端素材の開発を進めている。たとえば、生体分子やソフトマテリアルの素材を活用しながら、生体の深層にある情報処理の基本原理を解明することを試みている。その原理を応用することにより、高感度な生体センシングや多機能バイオ素子、さらには生体との直接的なアクセスを可能とするインターフェースの構築を目指している。

バイオマテリアルの領域で新たな素材が生みだされれば、生体機能を補完するインプラント素材や、常に生体情報をセンシングしてくれる柔らかい素材の生体電極、ウィルスや抗体、花粉微粒子などをすばやく検知するセンサなどを通じて、多機能素材が私たちの日常生活のなかに自然なかたちで入ってくるだろう。テクノロジーがよりナチュラルなものになっていくためにも、先端素材は今後ますます注目すべきテクノロジーの1つといえる。私たちはより広い領域で新たな素材を活用できるよう、今後も素材開発を加速させるとともに、多様かつ多機能な素材の開発を進めていく。

［ケーススタディ⑱］

ツチニカエルでんち技術

センサによる環境汚染というIoT時代の課題に備える

「1兆個のセンサが社会革命を起こすトリリオンセンサ時代が到来したとき、あらゆる場所にあるセンサはすべて回収できるのだろうか？」——IoTが普及すれば数兆個のデバイスが世の中にばらまかれることになる。これら無数のセンサは、さまざまなモノ・コトの情報を可視化・数値化し、ネットワークを介して、ビッグデータ解析やAI処理を行うことで、モノ・コトの制御・予測がなされ、これまで以上に効率化が進んだり、ワクワクするような新しい価値を創出したりして、身近な生活や社会は大きく変わっていくだろう。一方で、ばら撒かれたセンサや組み込まれた電池は回収できず、そのまま破棄・放置されてしまう恐れもある。そこで、NTTが開発したのが、「ツチニカエルでんち技術」である。

肥料成分と生物由来材料のみを使用

センサが有線でつながっている場合は、その線を辿り、センサ・電池を回収することが可能だが、動物に取り付けられた無線センサの場合や、あるいは人の手がなかなか届きにくい場所に備え付けられた場合は、センサや電池の回収が困難なため、そのまま放置されて、土壌や生物などへ大きな影響を及ぼす可能性がある。（**図18-1**）

とくに現在、一般に使用されている乾電池やリチウムイオン電池をはじめ、電子機器の普及にともない、長寿命・高出力な性能が求められていることから、発火等の安全への配慮を前提に、高価なレアメタルや有害物質が使用されている。これらの物質のなかには本来、土壌に含まれていない成分も含まれることから、電池が破砕され土壌に放置されると、土壌や生物に対して悪影響を与えると考えられる。

図 18-1｜回収困難なセンサとその解決イメージ

そこで私たちは、なるべく環境負荷を減らせるよう、肥料成分と生物由来材料のみを使用した、「土に還る電池（ツチニカエルでんち®）」の研究を手がけている。この電池（**図18-2**）に使われている材料は、肥料に含まれる成分であり、電池を回収できなくとも土壌に影響を及ぼすことがなく、また、植物の発芽・成長を妨げることがないと期待している。

植物の発芽・成長には、窒素、リン、カリウムから始まる数十種類の元素が肥料成分として植物の成長時期に応じて必要になる。NTTではこれまで情報通信用の蓄電池・スマートフォン向けの電池電源の研究開発で蓄積した電池材料に関する知見を活かし、これらの元素を上手く組み合わせることで、電池の化学反応が生じるようにデザインした。2016年からこの電池の研究をスタートし、2017年にはPoC電池（Proof Of Concept）が完成。「ツチニカエルでんち®」として商標登録をしている。

結着剤不要のカーボン電極

また、電池の電極には、空気中の酸素が拡散できる3次元の導電性多孔体構造が必要になる。従来の電極

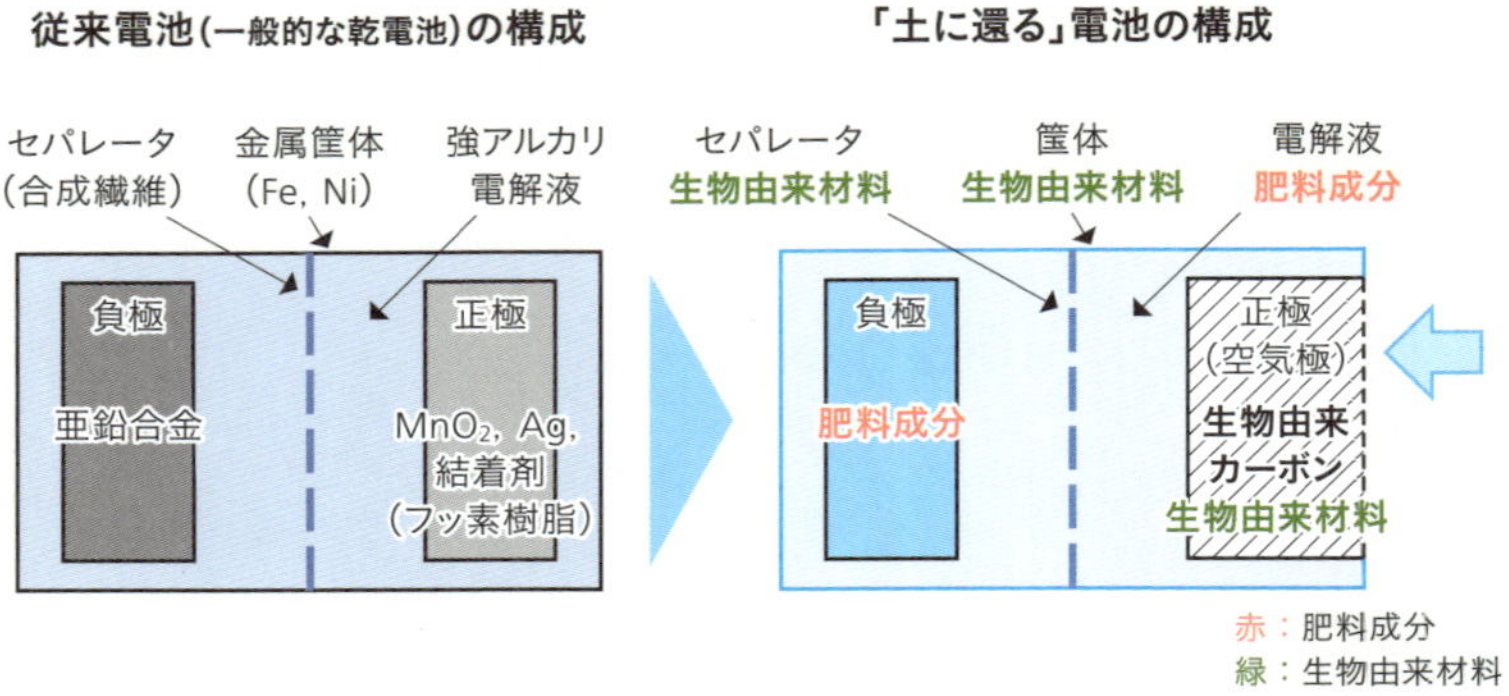

図 18-2 ｜ツチニカエルでんち®と従来電池の構成材料

は、結着材により粉末状カーボンを固形化して構造を形成しているが、結着剤はフッ素系樹脂や高分子系樹脂であり、燃焼時には有害なガスが発生する。また、それらの物質は土壌にそもそも含まれていないため、低環境負荷な材料とはいえない。環境に負荷を与えないためには、無害な結着材か、結着材フリーな電極が望ましい。

そこで私たちは、生物由来材料に特別な前処理を施すことで多孔体構造を有するカーボン化に成功し、結着剤自体が不要なカーボン電極を実現した。本電池の動作確認をしたところ、測定電流1.9mA/cm^{2}において電池電圧1.1V、放電容量76mAhの電池性能を達成した（**図18-3**）。

今後、さまざまな用途でこの電池が使用されるためには、すでに市場に出回っている乾電池相当の性能を目指す必要があると考えており、現在は、電池の高電圧・大容量・積層化を軸に要素技術開発の検討を進めている。そのなかで、低環境負荷なディスポーザブルセンサの実現を目指して電池性能を改良した本電池を

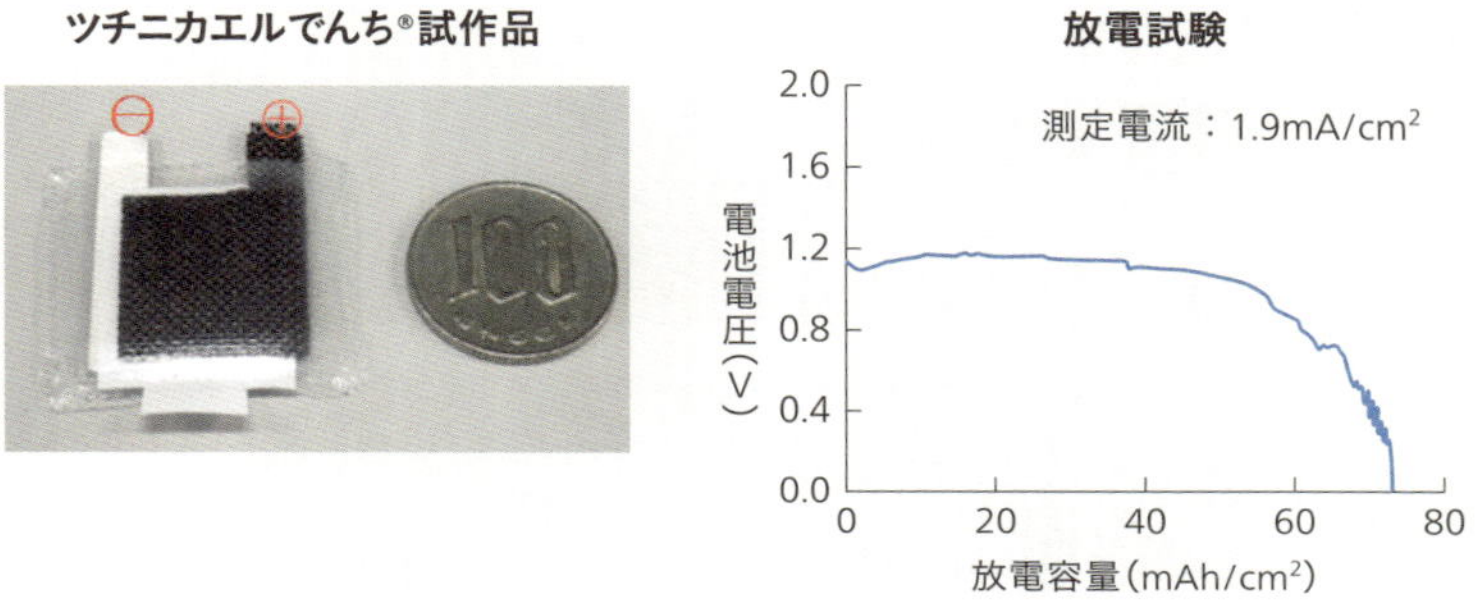

図 18-3 | ツチニカエルでんち®の電池性能

市販BLE（Bluetooth Low Energy）の温度センサモジュールに接続したところ、センサモジュールからの信号を端末側で受信し、センサを駆動するための電池として動作することを確認した。

土壌に害を与えないセンサの開発

また、電池が植物に与える影響を確認するために、肥料検定法にもとづく植害試験法を用い、使用済み電池を粉砕し、土壌に混合し、小松菜の種を植えて、発芽の状態を評価した。植害試験とは、肥料・土壌に含まれる成分の有害性を、植物の生育状況を観察することで評価を行う方法である。試験の結果、ツチニカエルでんち®は、従来電池（A電池）と異なり植物の成長に悪影響を与えないこと、すなわち電池を土壌に混合しないで育てた小松菜の成長と同程度であることを確認し、「土に還る」というコンセプトを検証することができた（**図18-4**）。

今後は、電池の性能向上を進めるとともに、NTT

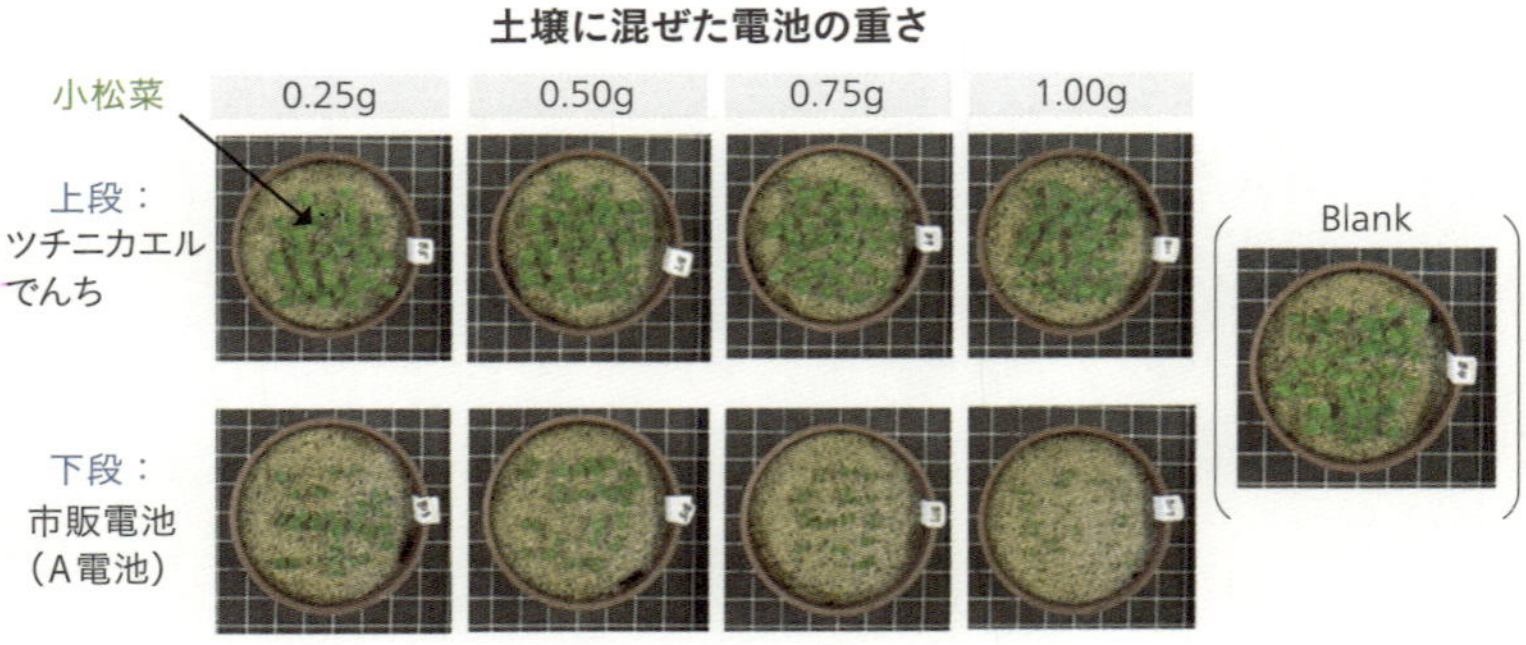

図 18-4 ｜植物の成長への影響

の強みである、ＬＳＩ回路設計技術を活用し、「土に還るセンサ・回路」を実現し、ディスポーザブルセンサを用いたばら撒き型センサ・サービスの提供を図り、豊かで便利な暮らしと自然との共生を両立していくＩｏＴ社会の構築・発展に貢献していきたいと考えている。

［ケーススタディ⑲］

半導体ヘテロナノワイヤ

新しい半導体デバイスの可能性を拓く

現在の半導体デバイスは、コンピュータや通信装置のなかで数多く使われている。そのデバイスの基本構造の1つに、異なる種類の半導体の薄膜を接合させるヘテロ構造が採用されている。従来、ヘテロ構造には接合する半導体の種類に制約があることに加え、デバイスの微小化と高密度集積化には高精度な加工が必要だった。

もし、接合する半導体の種類に制約がなければ、これまでにない多彩な機能を持たせることができる。また高精度な加工を必要としない微小なデバイスを作製できれば、加工ダメージがなく低コストでのデバイスの高密度集積が実現するだろう。こうした背景のもと、NTTは半導体ナノワイヤという構造を用いることで、これまでの常識を覆し、新しいナノスケールのヘテロ構造とデバイスを作製する技術の開発に取り組んでいる。

ヘテロ構造の材料の組み合わせを選ばない半導体ナノワイヤ

半導体ナノワイヤとは、髪の毛の100分の1程度の太さ（数十〜数百nm）の棒状の構造を持つ半導体のことだ。半導体結晶は、その種類により原子同士をつなぐ特有の手の長さ（格子定数）を持っている。通常の半導体ヘテロ構造では、この手の長さが同じ程度のもの同士を接合する必要があり、接合できる半導体の組み合わせは限られていた。

しかし、半導体ナノワイヤを用いたヘテロ構造では直径が非常に細いため、少々手の長さが違っても、言うなれば我慢して手をつないでいてくれる。このためナノワイヤを用いれば、ヘテロ構造の材料組み合わせの選択肢が飛躍的に増えることになる。

また半導体ナノワイヤ構造は高精度な加工によってつくる必要がなく、結晶成長により、直接半導体基板上に垂直に形成する。そのため加工によるダメージもなく、一度に大量のナノワイヤを形成できる。

その際、一般には半導体基板上に金などの金属の微粒子を撒いておき、それを種としてナノワイヤを結晶成長させるという手法をとるが、半導体にとって金は

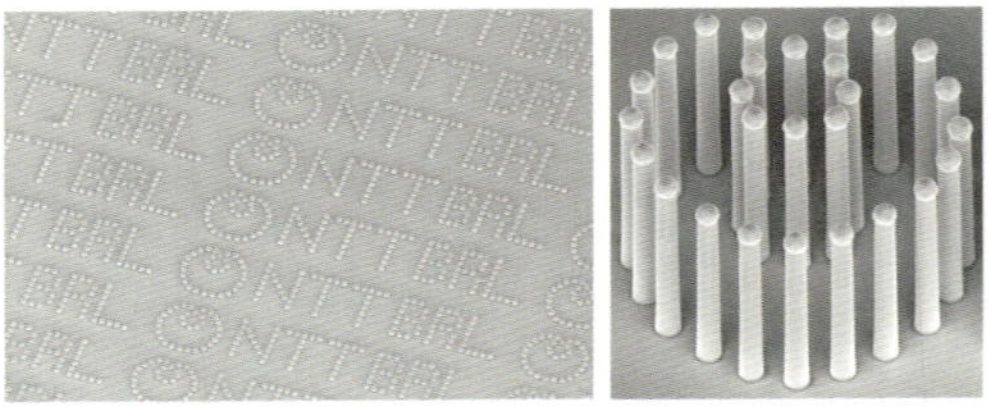

図 19-1 ｜配列されたナノワイヤの電子顕微鏡写真

不純物となり、デバイスの特性を劣化させてしまう可能性があることが懸念されてきた。そこで私たちは半導体原料そのものを微粒子化することでナノワイヤの種とし、しかもその種の位置を自由に制御する独自の方法を開発したのである。

光集積回路やフレキシブルディスプレイ、量子研究への適用にも期待

これらの特徴を持つ、NTT独自の技術を用いた半導体ナノワイヤデバイスの成果の一例として、たった1本のナノワイヤを光通信波長帯の光を放出する微小なレーザとして動作させることに世界で初めて成功した。ここではヘテロ構造としてヒ化インジウム（InAs）とリン化インジウム（InP）を用いた。発光層となるInAsの厚さを厳密に変化させることで、光通信波長帯に相当する1・3～1・6マイクロメートルでのレーザ発振波長を自由に制御できることも示した。

このInAsとInPのヘテロ構造の組み合わせ

は、従来の構造では不可能な組み合わせであり、画期的な成果である。また金の微粒子を用いないため、不純物混入によるデバイスの特性劣化の心配もない。

　さらにこの技術を応用することで、さまざまなナノワイヤデバイスへの発展が期待される。その1つが、ナノワイヤではヘテロ構造の組み合わせだけでなく、形成する基板も選ばないことから、異種材料上へナノワイヤデバイスを形成できるというものだ。

　たとえば、光集積回路上へのナノワイヤ光源の直接形成や、自由に曲げられる基板上へ配置することによるフレキシブルディスプレイへの応用などが期待される。またそのサイズの小ささから、半導体ナノワイヤ中の電子は量子力学的な振る舞いを見せる。これを利用して将来的には非古典的な光（単一光子[1]や量子もつれ光子対[2]）の発生源や単一電子トランジスタの開発、さらにはマヨラナ粒子[3]観測の舞台で活用されるかもしれない。

　私たちは、いままでに、半導体ナノワイヤ構造を用いた発光ダイオード、レーザ構造を作製し、それぞれデバイスとして動作することを確認している。これはこれまでにない新しい形態での半導体デバイスであり、コンピュータや携帯電話などの情報処理機器に加え、通信技術での送信および受信装置での画期的な応用へと結びつきつつある。

[1] 素粒子の1つで、場の量子論において、光（電磁波）を粒子と考える場合の名称のこと。

[2] 2個の光子の間に古典的な物理では説明できない相関が存在する状態。量子もつれでは、一方の粒子の状態と他方の粒子の状態を独立に切り離して考えることはできず、一方の状態を測定すると、空間的に離れた他方の状態も定まってしまうという特異な性質がある。この性質を利用して、量子情報通信や量子計算などへの応用が期待されている。

[3] 粒子と反粒子が同一という特異な性質を持つ中性のフェルミ粒子で、素粒子の1つ。イタリアの物理学者エットーレ・マヨラナによって1937年に存在が予言された。近年、固体中で同様の振る舞いをする準粒子の存在が報告され、量子計算に大きな進歩をもたらすとして、さらなる研究に期待が寄せられている。

11

Additive Manufacturing

アディティブ・マニファクチュアリング

4Dプリンティング、バイオプリンティングに期待高まる

3Dプリンティングの領域が注目されている。「アディティブ・マニュファクチュアリング」は、近年知名度こそ高まってきてはいるもののまだ萌芽期にあるテクノロジーといえる。もともと、プリント基板において、絶縁体基板に回路パターンを後から付け加える製法のことを「アディティブ法」と呼び、これをさらに積層化させる技術へと発展したことにより、とくに半導体デバイスの微細化・高密度化に大きく貢献してきた。その後、積層化の技術は、樹脂による3Dプリンタに始まるゼネラル・エレクトリック社（GE）のアディティブ・マニファクチュアリングへとつながっていく。

一方、日本では狭義のアディティブ・マニュファクチュアリングとして3Dプリンタが広く認知されてきたが、いまや3Dプリンタだけではなく、さまざまな領域にその技術が広がりつつある。市場も着実に伸びており、2025年には北米やヨーロッパなどを中心に215億ドルまで成長することが予測されている[1]。

現在は3Dだけでなく時間・状態の遷移に関する情報を盛り込んだ「4Dプリンティング」も考案されており、その活用領域はさらに広がっている。4Dプリンティングが実現すれば、たとえば、「自己修復」する素材が生まれれば、建築における資材のあり方は大きく変わるだろう。医療においては、適合力に優れた、高度にパーソナライズされた義足・義手の製造も可能になるとみられる。あるいは自動車産業においては、パーツの柔軟な製造によって迅速なプロトタイピングが可能となることが期待されている。

一方で、アディティブ・マニュファクチュアリングの普及にあたっては解決すべき課題が多く残されている。単純な構造から複雑な構造へ、単一の素材から複数の素材へ、対応すべき構造や素材の範囲は広がっており、同時に、より多くの人々が使えるようにするためにはコストも下げていく必要がある。こうした課題の解決に向けて、現在、アディティブ・マニュファクチュアリングにおいては、「素材の多様化」「積層の高速化」「積層の高精度化」という3つのトピックが注目されている。

[1] Frost & Sullivan, Global Additive Manufacturing Market Forecast to 2025

素材の多様化や積層の高速化に向けて

まず「素材の多様化」とは、扱える素材のバリエーションを豊かにすることを意味する。3Dプリンティングといわれて多くの人が樹脂や金属を想起するように、現在、アディティブ・マニュファクチュアリングにおいて扱える素材は限られており、この制約が技術の導入範囲を狭めている側面がある。これからはセラミックや合金などの多様な素材への展開が期待される。素材の多様化の進展とともに、人間の歯や骨への適用はもちろん、人工臓器を3Dプリンティングで製造していくことまで視野に入れた研究も進められている。

たとえばシンガポールの南洋理工大学のスィー・リョン・シンらが発表した論文では、チタン・タンタル合金によるアディティブ・マニュファクチュアリングの可能性が追究されている。[2] チタン・タンタル合金は生体親和性が高いため、この研究がさらに進めば、とくに医療分野（ボーンスクリュー、インプラントなど、体内に埋め込む必要のある器具）において実用化が進んでいくだろう。

また、ボーイングとGMが共同保有するHRLラボラトリーズのザック・C・エッケルらによる研究では、耐熱性に優れるセラミック素材のアディティブ・マニュファクチュアリングを対象にしており、この分野の研究が進めば、航空機の推進部品など、航空宇宙分野への応用も期待される。[3]

[2]『*Journal of Alloys and Compounds*』Vol.660で発表された論文（Swee Leong Sing et al., "Selective laser melting of titanium alloy with 50 wt% tantalum: Microstructure and mechanical properties"）。チタン・タンタル合金はボーンスクリューやインプラントなどへの応用が期待されている。

[3]『*Science*』Vol.351で発表された論文（Zak C. Eckel et al., "Additive manufacturing of polymer-derived ceramics"）。これまでセラミック素材は加工が困難だったが、アディティブ・マニュファクチュアリングによってその課題が克服されつつある。

続いて、「積層の高速化」は、現在は3Dプリンティングにおいて単一ヘッドで出力を行うことが主流であるがゆえに製造に時間がかかる、という課題に対応するものだ。この課題を解決しようと、世界中の研究機関が多重ヘッドにしたり、2段硬化のように複数の技術を組み合わせたりすることに取り組んでいる。なかでも2段硬化はとくに期待されている分野の1つである。たとえば、2018年に発表されたジョージア工科大学のシャオ・カンらの論文は、光硬化と熱硬化という2種類の素材硬化手法を組み合わせることによって、大幅なプリンティング時間の短縮に取り組んだものだ。[4]

バイオプリンティングに期待が高まる

3番目の「積層の高精度化」は、プリンティングの精度、クオリティに関するものである。現状では、安定して積層していくのはまだ困難であり、つくられるモノによっては、1回でつくられる層の厚さや寸法のばらつきが問題視されている。この精度が上げらなければ、3Dプリンティングの強みを活かしきれず、先端分野への導入は難しい。多くの研究機関がこの課題に取り組んでおり、たとえばカリフォルニア工科大学のアンドレイ・ヴャツキフらが2018年に『*Nature Communications*』で発表した論文によれば、露光技術を活用した新たなアディティブ・マニュファクチュアリングに乗り出しており、[5] この技術を使うことで100ナノメートルレベルのナノ格子構造をつくることに成功している。

[4]『*Macromolecular Rapid Communications*』Vol. 39で発表された論文（Xiao Kuang et al., "High-Speed 3D Printing of High-Performance Thermosetting Polymers via Two-Stage Curing"）。

[5]『*Nature Communications*』Vol.9で発表された論文(Andrey Vyatskikh et al., "Additive manufacturing of 3D nano-architected metals")

世界中で進んでいるこうした研究と足並みを揃えるようにして、私たちＮＴＴも４Ｄプリンティングやバイオプリンティングの領域で、生体デバイスのパーソナライズをさらに進めるための研究を行っていく。

一方、光と電子を融合した集積回路を実現するために必須なシリコン上へさまざまな材料を集積する異種材料集積化技術についても研究開発を行っていく。光電融合デバイスでは、光に必要な材料と電気に必要な材料が異なるため、シリコン上に適材適所で異なる材料系を配置していく必要がある。ここにはまさしく、アディティブ・マニュファクチャリングの概念が必要であり、通常の４Ｄプリンティングやバイオプリントとは異なる発想が必要となる。そこに私たちの強みを発揮していきたい。

アディティブ・プリンティングが進化していけば、１人ひとりの身体により適したものをつくることが可能になる。そのほか多くの領域においても、製造の「パーソナル化」が実現されるであろう。アディティブ・プリンティングの進化により、製造はますますスマートになっていくと期待される。

［ケーススタディ 20］

生体適合立体構造組み立て

望み通りの形状や機能を付与する

いま、創薬や再生医療、移植治療の分野において、細胞を立体的に組み上げ、生体組織に近い構造を人工的につくる生体組織マニュファクチュアリング技術が求められている。従来は、細胞をプリンティングする手法や、シャーレ上に培養する手法などで細胞の凝集塊がつくられていたが、形状の加工精度が低く生体適合性が低いという課題があった。そこでNTTは、生体適合性が高く柔軟な高分子の薄膜材料のみを用い、その材料を3次元形状に自在に組み立てて細胞を詰め込む鋳型とすることにより、立体的な細胞塊を再構成する新しい技術を実現した。

薄膜の自在な形状

この技術では、2種類以上の柔らかい薄膜材料を数百nm程度の層状に積み重ね、任意の3次元構造に自己組織的に組み立てる現象（自己組立て）を利用している。このとき、層状に積み重ねられた薄膜は、それぞれの層の材料の柔らかさや厚み方向の歪みの違いにより自発的に変形する仕組みで自己組立てされる。これまで、柔らかい材料では、異なる材料同士が強く密着した層を形成することが困難だったが、今回、私たちはハイドロゲルなどの高分子材料を最適に選択する

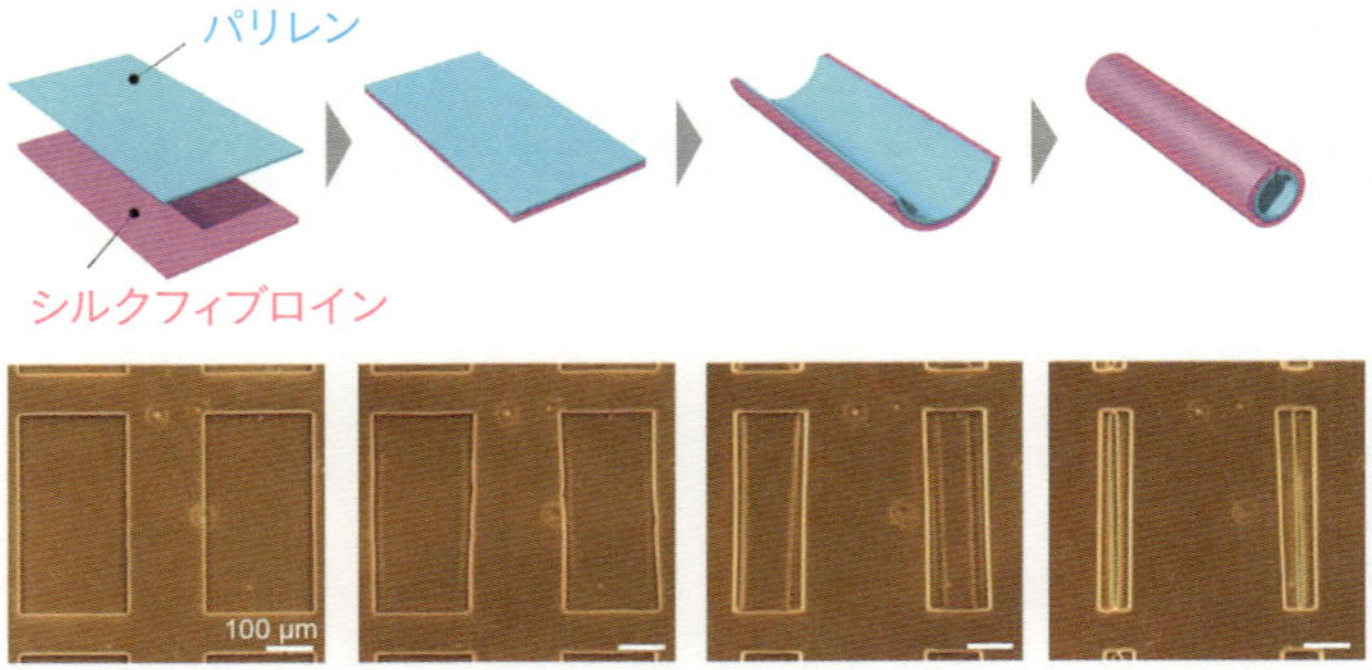

図 20-1

ことで、化学的また物理的に強く密着、安定した構造を形成する多層薄膜を作製することに成功した。**図20-1**に絹糸から精製されるシルクフィブロインと呼ばれるハイドロゲルの例を示す。このゲルの表面に、ポリパラキシリレン（パリレン）と呼ばれる高分子薄膜を化学気相成長させ、フォトリソグラフィ技術を用いて任意の二次元のパターン形状に成型加工した。

この2層の薄膜を基板から剥がすと、長方形パターンに加工された薄膜は外力を加えなくても自発的に周囲から捲れあがるように形状変化し始める。そして、最終的に短辺方向に曲がった筒状構造に変形することが観察された。また長方形以外にも、放射状パターンでは球状の構造に変形し、ヒンジで結合した長方形パターンでは人形型の構造に変形するなど、二次元パターン形状に対応した立体構造を自在に作製できることを確認した。

細胞を包んだ心筋ファイバ

今回用いた高分子薄膜はすべて細胞への毒性を示さないため、細胞や生体組織などの生体試料とのインターフェースとして利用することができる。そのため多層薄膜の表面にあらかじめ細胞を撒いておくことで、薄膜の自己組立てと同時に、細胞にダメージを与えることなく一括して立体形状の内部に細胞を閉じ込めることが可能となる（**図20-2**）。

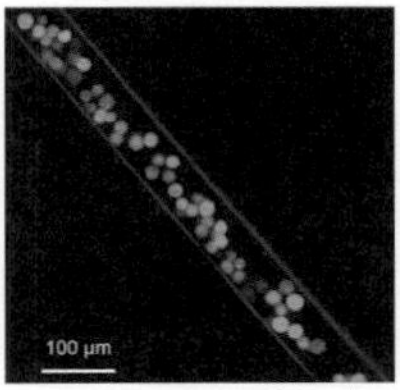

図 20-2

こうした知見を得て、私たちは細胞を内部で培養し、細胞独自の機能を持つ生体組織様の細胞塊を形成することに成功した。筒状の構造内部に心筋細胞を内包して培養すると、1週間ほどの培養を経て、筒の長軸方向に沿って細胞が凝集し、1本の微小な心筋ファイバとしての構造体を形成する。このように再構成された心筋ファイバ内では、細胞が同期して拍動する様子や、拍動と同一周期で細胞内カルシウム振動が起こる細胞同士の相互作用が見られるなど、心筋組織に特有の機能が観察されるようになった。

この手法では、薄膜材料の弾性係数や厚み、2次元パターンの形状を変えることで筒の曲率半径を制御でき、設計自由度の高い3次元状の鋳型を作製できる。したがって、筒状構造だけでなく、さまざまな3次元形状や細胞種に適用する生体組織様構造を再構成できるプラットフォームとしての活用が期待できる。

再生医療や移植医療への応用

ここで紹介した自己組立て技術は、シルクフィブロインだけに限定されず、多様な材料に適用可能である。たとえば、炭素原子が一層の蜂の巣状に結がった単原子シートであるグラフェンにパリレン薄膜を積層した場合も自己組立てを行うことができる（**図20-3**）。これを応用して、3次元状に作製された筒状グラフェンの内部に神経細胞を内包したところ、培養する過程で

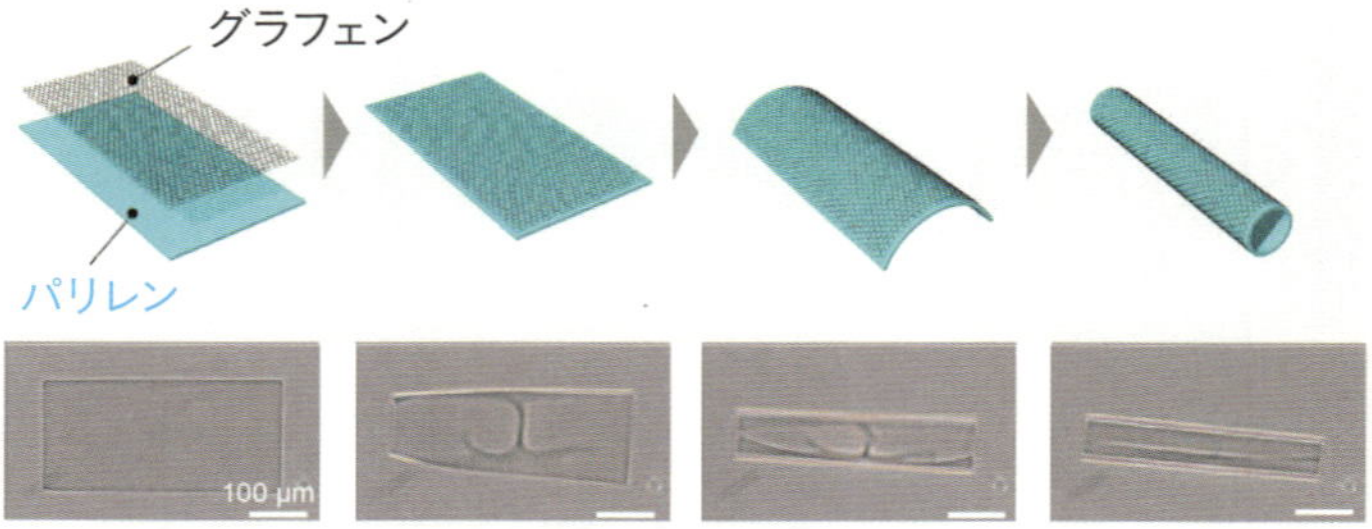

図 20-3

神経細胞同士が結合して細胞塊を形成し、その後、神経突起が筒の構造体内外へ伸展していくことを観察した（図20-4）。

ここで結合した神経細胞同士が外部からの刺激に対して同時に反応を示すことから、微小な神経組織における細胞間で情報通信を行っていることがわかる。また、グラフェンは炭素一原子だけから構成されるが、透明で強靭、かつ電気を通すという特長を有している。そのため自己組立て技術を用いて三次元状にグラフェンを組み立てることで、微細な立体電極やデバイス用素子としての応用も期待できる。

今回、自己組立てという原理に着目し、生体に優しく柔軟な材料を3次元状に組み立てる手法を見出した。この手法を用いると、さまざまな種類の微小な生体組織を再構成でき、創薬や移植治療に不可欠な再生医療用プラットフォームとしてだけでなく、微小空間での単一細胞の挙動を解析するツールとしての活用も期待できる。さらには、導電性や磁場応答性などの機能を加えることで、生体組織の表面形状にフィットする生体内埋植電極やアクチュエータなど、新しい生体インターフェースへの展開にも期待できるだろう。

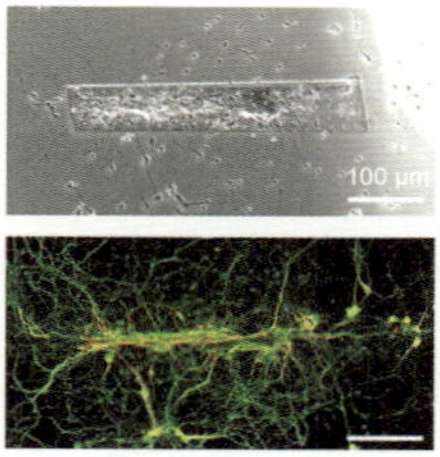

図20-4

ケーススタディ執筆者

CS1 音声認識・音声対話技術
光田航・庵愛・北岸佑樹・長野瑞生（NTTメディアインテリジェンス研究所）

CS2 時空間多次元集合データ解析技術
中山彰（NTTサービスエボリューション研究所）

CS3 超高臨場感通信「Kirari!」
深津真二・高田英明・堤公孝・外村喜秀（NTTサービスエボリューション研究所）

CS4 アングルフリー物体検索技術
島村潤（NTTメディアインテリジェンス研究所）

CS5 Point of Atmosphere
南憲一（NTTサービスエボリューション研究所）

CS6「変幻灯」と「Hidden Stereo」
河邉隆寛・吹上大樹（NTTコミュニケーション科学基礎研究所）

CS7 大規模フロー分析によるボットネット検知基盤「Piper」
森川輝・神谷和憲（NTTセキュアプラットフォーム研究所）

CS8 サイバー攻撃対策技術連携プラットフォーム「LRR」
塩治榮太朗・青木一史・波戸邦夫（NTTセキュアプラットフォーム研究所）

CS9 AI光インターコネクト技術
坂本健（NTT先端集積デバイス研究所）

CS10 ナノフォトニクスデバイス技術
野崎謙悟・新家昭彦・納富雅也（NTT物性科学基礎研究所）

CS11 空間分割多重用光ファイバ
中島和秀・松井隆（NTTアクセスサービスシステム研究所）

CS12 光フロントエンド集積デバイス技術
野坂秀之（NTT先端集積デバイス研究所）
相馬俊一（NTTデバイスイノベーションセンタ）
宮本裕（NTT未来ねっと研究所）

CS13 ツチニカエルでんち技術
小松武志（NTT先端集積デバイス研究所）

CS14 人工光合成技術
小松武志（NTT先端集積デバイス研究所）

CS15 LASOLV
武居弘樹（NTT物性科学基礎研究所）

CS16 全光量子中継方式による量子中継の原理検証
東浩司（NTT物性科学基礎研究所）

CS17 生体信号計測衣料「hitoe®」
中島寛・山口真澄（NTT物性科学基礎研究所）

CS18 微小井戸型ナノバイオデバイス
樫村吉晃（NTT物性科学基礎研究所）

CS19 半導体ヘテロナノワイヤ
章国強・俵毅彦（NTT物性科学基礎研究所）

CS20 生体適合立体構造組み立て
手島哲彦（NTT物性科学基礎研究所）

著者紹介

［監修］

澤田 純（さわだ・じゅん）

NTT代表取締役社長。1978年日本電信電話公社に入社。技術開発、サービス開発、法人営業、経営企画等の業務を担当した後、2014年NTT代表取締役副社長を経て、2018年6月より現職。

———

［著者］

井伊 基之（いい・もとゆき）

NTT代表取締役副社長。1983年日本電信電話公社入社。2007年7月NTT東日本新潟支店長、2011年6月同取締役ネットワーク事業推進本部設備部長 企画部長（兼務）、2016年6月同代表取締役副社長ビジネス＆オフィス営業推進本部長を経て、2018年6月より現職。

———

川添 雄彦（かわぞえ・かつひこ）

NTT取締役研究企画部門長。1987年NTTに入社。2008年研究企画部門担当部長、2014年サービスエボリューション研究所長、2016年サービスイノベーション総合研究所長を経て、2018年6月より現職。

IOWN構想　インターネットの先へ

2019年11月28日　初版第1刷発行

監修者　澤田 純
著　者　井伊基之＋川添雄彦

発行者　長谷部敏治
発行所　NTT出版株式会社
〒108-0023　東京都港区芝浦3-4-1　グランパークタワー
営業担当　TEL 03（5434）1010　FAX 03（5434）0909
編集担当　TEL 03（5434）1001

造本設計　松田行正＋杉本聖士
本文組版　株式会社 RUHIA
印刷・製本　シナノ印刷株式会社

ISBN 978-4-7571-0391-7 C0034